优质阳光玫瑰葡萄高效生产技术

娄玉穗　尚泓泉　王　鹏　主编

中原农民出版社
·郑州·

图书在版编目（CIP）数据

优质阳光玫瑰葡萄高效生产技术 / 娄玉穗，尚泓泉，王鹏主编 . — 郑州：

中原农民出版社，2021.12

ISBN 978-7-5542-2472-4

Ⅰ.①优… Ⅱ.①娄… ②尚… ③王… Ⅲ.①葡萄栽培 Ⅳ.①S663.1

中国版本图书馆CIP数据核字（2021）第196089号

优质阳光玫瑰葡萄高效生产技术

YOUZHI YANGGUANG MEIGUI PUTAO GAOXIAO SHENGCHAN JISHU

出 版 人　刘宏伟

策划编辑　段敬杰

责任编辑　韩文利

责任校对　王艳红

责任印制　孙　瑞

封面设计　杨　柳

版式设计　巨作图文

出版发行：中原农民出版社

　　　　　地址：郑州市郑东新区祥盛街 27 号 7 层　　邮编：450016

　　　　　电话：0371-65788651（编辑部）　　　　0371-65713859（发行部）

经　　销：全国新华书店

印　　刷：河南省邮电科技有限公司

开　　本：889mm×1194mm　1/16

印　　张：15.5

字　　数：410 千字

版　　次：2021 年 12 月第 1 版

印　　次：2021 年 12 月第 1 次印刷

定　　价：150.00 元

如发现印装质量问题，影响阅读，请与印刷公司联系调换。

本书编委会

主　编　娄玉穗　尚泓泉　王　鹏

副主编　张晓锋　吕中伟　王　琰

参编人员（按姓氏笔画排序）

王少敏　艾建东　乔宝营　刘　军

刘启山　李　灿　李　政　吴文莹

倡传杰　张　柯　段罗顺　郭超峰

樊红杰

主 编 简 介

娄玉穗：博士，毕业于上海交通大学农业与生物学院。从事葡萄栽培生理与技术研究十余年，在葡萄水分数字化管理上有重要突破。现为河南省农业科学院园艺研究所浆果（葡萄）研究室副主任。在《Australian Journal of Grape and Wine Research》《园艺学报》《果树学报》《河南农业科学》等期刊上发表论文二十余篇，获得专利 3 项。主持及参与国家、省部级等项目二十余项。

尚泓泉：研究员，毕业于华中农业大学农学系。长期从事作物栽培生理研究，先后主持及参与过国家级及省部级项目十余项；曾获国家科技进步二等奖 2 项，省部级奖多项；河南省"四优四化"特色林果专项主持人。现为河南省农业科学院园艺研究所所长，兼任河南省植物生理学会副理事长，河南省农学会葡萄专业委员会副主任委员，河南省葡萄、梨工程研究中心主任、河南省首席科普专家。

王鹏：研究员，毕业于河南农业大学园林系。长期从事葡萄栽培技术研究工作。获河南省科学技术进步二等奖 3 项，省星火二等奖 1 项。审定葡萄品种 3 个。被评为 2009 年度河南十大"三农"新闻人物。原为国家葡萄产业技术体系豫东综合试验站站长，兼任中国农学会葡萄分会常务理事、河南省农学会葡萄专业委员会副主任委员、河南省草莓协会副会长。

前　言

　　葡萄是世界上栽培历史较悠久、分布范围广泛的果树树种之一，其种植面积和产量均居于前列。2018年，世界葡萄园收获面积为715.77万公顷，年产量为7 912.60万吨；我国葡萄园收获面积为79.79万公顷，年产量为1 349.48万吨，面积和产量分别位居世界第二位和第一位。同时，我国也是世界上最大的鲜食葡萄生产国，年产量超过1 000万吨，约占世界鲜食葡萄总产量的37%。目前，葡萄已成为农民增收、区域经济发展和消费市场不可缺少的大宗水果，葡萄产业对我国农村经济的发展发挥着重要作用。

　　近年来，我国葡萄生产正逐渐由产量效益型向质量效益型、品牌效益型转变，在优良品种、设施栽培及观光葡萄园建设等方面取得了一定成绩，但许多葡萄产区仍然存在区域化布局不明显、生产标准化程度低、规模化经营程度不高及种植者绿色优质生产观念淡薄等问题。

　　河南省地处我国中部，是我国葡萄栽培的重要产区之一。近几年，随着避雨栽培、果实套袋、地膜覆盖等技术的推广应用，葡萄病虫害减少，果实品质提高，种植葡萄的经济和社会效益显著提高，带动了河南省新一轮的葡萄种植热潮。

　　2017年，河南省启动了"四优四化"科技支撑行动计划。为了更好地推进河南省葡萄产业结构调整，促进葡萄产业提档升级，提高供给质量和供给效率，河南省农业科学院园艺研究所围绕河南省"四优四化"科技支撑行动计划，制订了"葡萄优质高效标准化生产技术集成与示范"专题实施方案。项目实施以来，专题紧紧围绕河南省优质葡萄产业发展，强化多学科的技术融合与协作，充分发挥科学技术的引领示范作用，对河南省葡萄产业结构优化调整和提质增效起到了重要的促进作用。同时，专题以创新、协调、绿色、开放、共享的发展理念为引领，以促进农业提质增效、农民增收为目标，强化农业科技支撑和引领作用，助推全省葡萄产业布局区域化、经营规模化、生产标准化和发展产业化。本书便是在此背景下编写而成。

阳光玫瑰是近年来我国发展最快、最受消费者喜爱的鲜食葡萄品种之一，其具有外形美观、皮薄无涩味、高糖低酸、玫瑰香味浓郁、果肉硬耐储运、不易裂果等特点，经济效益非常可观。河南省农业科学院园艺研究所自 2012 年将阳光玫瑰葡萄品种引进试验园，进行品种观察、栽培技术研究和生产实践，取得了一定的成果，现将多年的实践经验进行总结撰写成书。本书以阳光玫瑰葡萄优质、高效、绿色生产为主线，总结了葡萄优质生产管理技术，希望能为河南省葡萄产业的发展和葡萄种植爱好者及广大果农增收起到一定的促进作用，助推全省葡萄产业布局区域化、生产标准化、经营规模化、发展产业化、方式绿色化及产品品牌化。

本书在编写过程中，注重把现代葡萄科技知识与应用技术融为一体，具有一定的科学性、先进性和实用性，适合作为葡萄生产技术推广人员和种植人员的培训教材，亦可作为葡萄科技研究工作者、广大葡萄种植爱好者的参考用书。

由于笔者水平有限，书中不足之处在所难免，敬请广大读者批评指正。本书在编写中参阅和引用了一些研究资料，对此我们向有关作者表示诚挚的谢意。

尚泓泉

2021.5

目　录

第一章 葡萄生产现状与发展趋势

葡萄品种多、分布广，是地球上最古老的植物之一。同时，葡萄颜色丰富，形状各异，品质佳，效益好，也是我国农村经济的重要支柱和农民收入的重要来源。

第一节　世界葡萄生产现状与发展趋势

一、世界葡萄生产现状

葡萄是世界最重要的水果之一，其种植面积和产量均位居于前列。根据联合国粮农组织数据，2018 年，世界葡萄园收获面积为 715.77 万公顷，葡萄总产量为 7 912.60 万吨，单产为 11 054.7 千克 / 公顷。与 2017 年相比，均有所增加，收获面积增加 23.84 万公顷，总产量增加 611.82 万吨，单产增加 503.3 千克 / 公顷。

自 2000 年以来，世界葡萄收获面积每年维持在 691.79 万～738.90 万公顷。2003 年以前，世界葡萄收获面积逐年增加，最大值达 738.90 万公顷，以后呈下降趋势，2012 年最低（表 1-1）。世界葡萄总产量相对稳定，波动幅度较小，整体呈上升趋势，2018 年达最高值，为 7 912.60 万吨。世界葡萄平均每公顷产量也是呈上升趋势，2018 年达到最高值，为 11 054.7 千克，2013 年之后单产均高于 10 000 千克 / 公顷。

表1-1　2001～2018年世界葡萄生产基本情况

年份	收获面积（万公顷）	产量（万吨）	单产（千克 / 公顷）	年份	收获面积（万公顷）	产量（万吨）	单产（千克 / 公顷）
2001	728.48	6 086.18	8 354.6	2010	697.11	6 665.45	9 561.5
2002	734.06	6 116.46	8 332.4	2011	693.40	6 925.39	9 987.5
2003	738.90	6 305.13	8 533.1	2012	691.79	6 849.88	9 901.7
2004	728.58	6 720.78	9 224.5	2013	702.46	7 624.98	10 854.7
2005	728.33	6 697.58	9 195.9	2014	702.15	7 391.01	10 526.2
2006	731.17	6 698.26	9 161	2015	711.84	7 634.69	10 725.3
2007	720.98	6 618.25	9 179.5	2016	694.52	7 408.97	10 667.8
2008	711.62	6 658.66	9 357.1	2017	691.93	7 300.78	10 551.4
2009	707.95	6 763.00	9 552.9	2018	715.77	7 912.60	11 054.7

从葡萄种植的区域分布来看,欧洲葡萄收获面积和产量位列世界第一。2018 年欧洲葡萄收获面积为 363.2 万公顷,约占世界葡萄总收获面积的 50.7%,产量为 2 984.5 万吨,约占世界葡萄总产量的 37.7%,面积比重和产量比重均略有增加。其次是亚洲,2018 年葡萄产量为 2 737.4 万吨,约占世界葡萄总产量的 34.6%,比重比 2017 年略有下降;收获面积为 202.9 万公顷,约占世界葡萄总收获面积的 28.3%,与 2017 年相近。然后是美洲、非洲和大洋洲,收获面积分别约占世界葡萄总收获面积的 13.6%、4.8% 和 2.4%,产量分别约占世界葡萄总产量的 18.9%、6.1% 和 2.6%(表 1-2,图 1-1)。

表1-2 世界各大洲葡萄收获面积与产量

年份	欧洲		亚洲		美洲		非洲		大洋洲	
	面积（万公顷）	产量（万吨）	面积（万公顷）	产量（万吨）	面积（万公顷）	产量（万吨）	面积（万公顷）	产量（万吨）	面积（万公顷）	产量（万吨）
2010	370.7	2 643.1	178.3	1 977.0	95.8	1 428.1	32.7	422.2	19.7	195.0
2011	360.4	2 744.7	183.2	2 087.1	96.6	1 483.3	33.1	401.7	20.1	208.6
2012	351.4	2 451.2	188.5	2 354.2	98.3	1 418.5	35.3	433.5	18.3	192.6
2013	349.2	2 863.8	202.2	2 494.3	99.8	1 601.7	33.1	454.5	18.2	210.8
2014	342.9	2 666.8	206.8	2 559.1	100.2	1 500.7	35.0	464.1	17.2	200.2
2015	347.3	2 776.1	210.0	2 678.4	101.5	1 483.4	35.2	491.3	17.9	205.5
2016	344.0	2 769.7	196.6	2 595.8	100.7	1 341.5	35.5	481.1	17.7	220.9
2017	343.2	2 513.7	196.0	2 690.6	100.2	1 379.7	35.3	494.8	17.1	222.0
2018	363.2	2 984.5	202.9	2 737.4	97.7	1 497.0	34.6	484.7	17.5	209.0

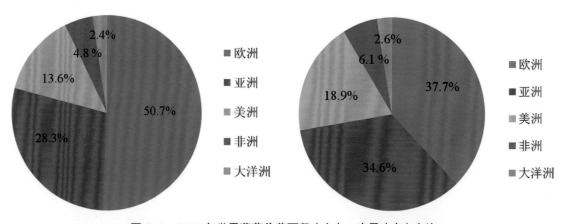

图 1-1 2018 年世界葡萄收获面积（左）、产量（右）占比

2018 年世界葡萄收获面积最大的前五个国家依次是西班牙、中国、法国、意大利和土耳其，面积均在 41.70 万公顷以上；产量最大的前五个国家依次是中国、意大利、美国、西班牙和法国，产量均在 619.83 万吨以上；单产最大的前五个国家依次是埃及、巴西、印度、秘鲁和越南，其中，埃及的葡萄单产达 22 313.4 千克 / 公顷（表 1-3）。

表1-3　2018年世界主要葡萄生产国的收获面积、产量和单产

国家	收获面积（万公顷）	国家	产量（万吨）	国家	单产（千克 / 公顷）
西班牙	112.36	中国	1 349.48	埃及	22 313.4
中国	79.79	意大利	851.36	巴西	21 377.0
法国	75.28	美国	689.10	印度	21 007.2
意大利	67.58	西班牙	667.35	秘鲁	19 836.6
土耳其	41.70	法国	619.83	越南	18 413.3
美国	37.92	土耳其	393.30	美国	18 172.9
阿根廷	21.82	印度	292.00	阿尔巴尼亚	18 158.2
智利	21.20	阿根廷	257.33	泰国	17 426.0
葡萄牙	17.50	智利	250.00	南非	17 085.0
罗马尼亚	17.37	伊朗	203.20	中国	16 912.2

二、世界葡萄加工情况

长期以来，世界上酿酒葡萄种植面积远大于鲜食葡萄。近年来，鲜食葡萄在世界葡萄产业中的比重逐渐增加。根据国际葡萄与葡萄酒组织统计数据，2001 年，鲜食葡萄产量约占世界葡萄总产量的 24.7%，在 2016 年上升到 36.6%（表 1-4）。

表1-4　世界鲜食葡萄生产量和占比

年份	2001	2003	2005	2007	2009	2010	2011	2012	2013	2014	2015	2016
总量（万吨）	6 106	6 341	6 735	6 696	6 790	6 742	7 000	6 985	7 752	7 429	7 666	7 552
鲜食（万吨）	1 509	1 740	1 877	1 969	2 031	2 059	2 141	2 357	2 558	2 668	2 752	2 764
鲜食比例（%）	24.7	27.4	27.9	29.4	29.9	30.5	30.6	33.7	33.0	35.9	35.9	36.6

葡萄是一种加工性好、加工量占总产量比例高、加工产品多样、附加值高的水果。目前，全世界葡萄的加工种类主要有酿酒、制干和制汁等；此外，还可用来制作果脯、果醋等特色产品。根据国际葡萄与葡萄酒组织的统计，近年来全世界葡萄酒、葡萄干的产量如表1-5所示。

表1-5　2007~2016年世界主要葡萄加工品生产基本情况

年份	2007	2008	2009	2010	2011	2012	2013	2014	2015	2016
葡萄酒（万吨）	2 680.8	2 691.9	2 693.6	2 626.6	2 675.1	2 600.3	2 910.1	2 698.1	2 752.1	2 701.0
葡萄干（万吨）	137.4	143.0	146.0	140.6	136.0	139.1	143.1	131.4	133.0	139.8

葡萄酒是最重要的葡萄加工品。2007~2016年世界葡萄酒产量维持在2 600.3~2 910.1万吨，葡萄酒产量在2013年达到最大值，为2 910.1万吨。2016年世界葡萄酒产量为2 701.0万吨，比2015年减少了51.1万吨。

2007~2016年世界葡萄干产量有一定波动，但均在131.4万吨以上。2009年，世界葡萄干产量最高，达146.0万吨。2014~2016年葡萄干产量持续增加，2016年达139.8万吨。总体上，目前世界葡萄干生产仍表现出增长趋势。

三、葡萄品种结构

葡萄主要分为鲜食葡萄和酿酒葡萄，经过上千年的自然演化与人工培育，全世界的葡萄品种达2万种左右，而常规种植的仅有几百种。

在鲜食葡萄方面，世界上进行广泛种植的约有上百种，除了具有一定历史的老品种外，各国根据当地特殊气候条件，以及消费者偏好又培育了一些特有品种。除基因型相异外，根据一些因素鲜食葡萄也被分为几大类，如根据果实成熟时的颜色，鲜食葡萄分为红色、白（绿）色和黑（蓝）色葡萄品种；按照有无籽分为有核葡萄和无核葡萄品种；按照成熟时期分为早熟、中熟和晚熟葡萄品种。目前，种植广泛且较著名的绿色有核品种有意大利等；绿色无核品种有汤姆森无核等；红色有核品种有红地球、圣诞玫瑰等；红色无核品种有克瑞森无核、火焰无核（也叫弗雷无核）、红宝石无核和优无核等；黑色有核品种有康可和瑞必尔等；黑色无核品种有皇家秋天等。在我国，主要种植的鲜食葡萄品种有早熟品种夏黑、京亚、早黑宝、晨香和早玫瑰香等，中熟品种有巨峰、醉金香和巨玫瑰等，晚熟品种有红地球、阳光玫瑰和圣诞玫瑰等。

四、鲜食葡萄产业现状

根据国际葡萄与葡萄酒组织的统计数据，2016年世界鲜食葡萄总产量为2 764万吨，鲜食葡萄主要生产国有中国、土耳其、印度、埃及、美国和伊朗。

目前，世界上先进的葡萄生产国大体上分两类，一类是以日本为代表，属温带季风气候，夏季高温多雨，葡萄病害防治困难，因此，该地区的葡萄品种大多数抗性良好，如巨峰、夏黑、阳光玫瑰等，栽培模式采用避雨栽培、促成栽培等。由于日本人口多，土地面积少，因此，该地区的葡萄产业经营规模也比较小，生产上使用劳动密集型的包括花果精细管理在内的品质调控技术，生产高档鲜食葡萄，且以较高的单价供应高端市场。另一类是以智利、美国为代表，还包括近年来崛起的秘鲁、南非等国家，这些葡萄生产地区多属于地中海气候，冬季湿润，夏季干燥，地广人稀，人均土地面积大，葡萄鲜果大多销售到较远的外地市场，此地区种植的葡萄品种储运性好，包括红地球、克瑞森无核、汤姆森无核、火焰无核、优无核等。这些国家的鲜食葡萄产业多为规模化经营，田间管理机械化程度较高，尽管单位面积的产量和效益不高，但是规模大，效益可观。

五、鲜食葡萄国际贸易

在鲜食葡萄国际贸易方面，智利一直是世界上最大的鲜食葡萄出口国，2018年的出口量为72.7万吨，占世界鲜食葡萄总出口量的15.1%左右；其次是中国、意大利和美国。近年来，我国的鲜食葡萄出口量一直增加，2018年达到47.8万吨。智利的鲜食葡萄出口额最大，其次是中国、荷兰和美国。2018年，世界鲜食葡萄贸易额为87.42亿美元，智利、中国、荷兰、美国的出口额分别为12.33亿美元、10.60亿美元、9.85亿美元和9.25亿美元。在进口方面，美国是世界上最大的鲜食葡萄进口国，2018年的进口量为58.5万吨，约占世界鲜食葡萄总进口量的12.5%，其次是中国和荷兰，进口量分别为49.6万吨和41.7万吨（表1-6）。

表1-6 2018年世界各国葡萄进出口量情况

国家	出口量（万吨）	国家	进口量（万吨）
智利	72.7	美国	58.5
中国	47.8	中国	49.6
意大利	46.5	荷兰	41.7
美国	42.0	德国	32.0
荷兰	36.3	俄罗斯	29.6

六、世界葡萄产业的发展趋势

在已形成的两种产业模式中，其特点在较长的时间内仍将持续，但是这两种产业模式将进一步完善。

在第一种模式下，葡萄品种仍然是大粒、均匀、植物生长调节剂敏感、外观品质和内在品质好、香味优雅、抗病性强等，栽培管理精细化，包括花果管理、枝蔓管理和土肥水管理等。第二种模式的葡萄品种也将集中在储运性好、便于集约化、机械化管理等方面，同时，研发和应用性能更好的葡萄园管理机械，进一步降低葡萄园管理成本，提高经济效益。

第二节　我国葡萄生产现状与发展趋势

一、我国葡萄生产情况

我国葡萄生产自 20 世纪 80 年代以来得到快速发展，出现了多次发展高潮，葡萄生产规模、生产水平大幅提高，有力地促进了农民增收和农村经济的发展。

根据国家统计局数据，2018 年，我国葡萄园面积为 72.51 万公顷，产量为 1 366.7 万吨，分别位居世界第二位和第一位，其中产量自 2010 年以来已连续多年位居世界葡萄产量的第一位。

根据国家统计局统计数据，2001~2018 年我国葡萄园面积呈上升趋势，2003~2007 年我国葡萄种植面积处于稳步发展阶段，从 2003 年的 42.08 万公顷，到 2007 年的 41.52 万公顷。2007~2015 年我国葡萄园面积又进入较快增长阶段，到 2015 年为 71.64 万公顷，年均增长 3.765 万公顷。2015 年之后，我国葡萄园面积趋于稳定（图 1-2）。

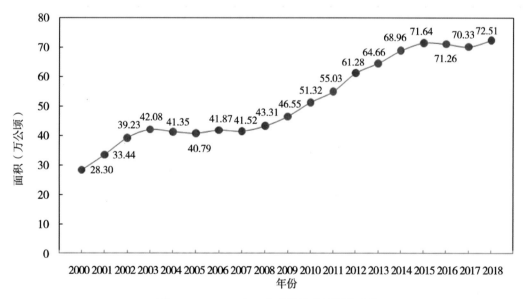

图 1-2　2000~2018 年我国葡萄园面积变化

根据国家统计局统计数据,2000 年以后,我国葡萄产量逐年增加,2010 年的葡萄产量为 813.5 万吨,比 2000 年增加了约 2.5 倍。2011 年到 2015 年,葡萄产量进入较快增长阶段,5 年葡萄产量增加到了约 1.6 倍;2015 年以后葡萄产量增长缓慢,2016 年略有下降,为 1 262.9 万吨(图 1-3)。

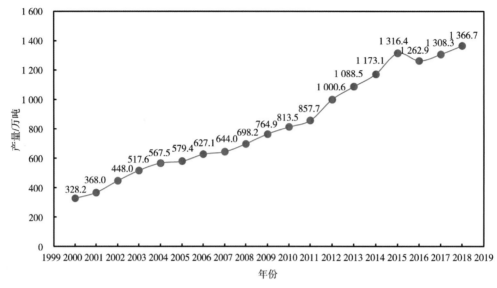

图 1-3　2000~2018 年我国葡萄产量变化

　　我国葡萄产业发展速度较快,2000 年以来,葡萄种植面积在水果中一直排名第四,位于柑橘、苹果、梨之后;产量在 2014 年之前排名第五,位于柑橘、苹果、梨、香蕉之后,2014 年起排第四。2018 年,我国葡萄产量为 1 366.7 万吨,占全国水果总产量(25 688.35 万吨)的 5.3%;2018 年,我国葡萄总面积为 72.51 万公顷,占全国果园总面积 1 187.49 万公顷的 6.1%(表 1-7)。

表1-7　2018年我国水果产量和面积

水果	产量(万吨)	水果	面积(万公顷)
柑橘	4 138.14	柑橘	248.67
苹果	3 923.34	苹果	193.86
梨	1 607.8	梨	94.34
葡萄	1 366.7	葡萄	72.51
香蕉	1 122.17	香蕉	33.19
水果	25 688.35	果园	1 187.49

二、区域布局

　　从区域布局来看,目前我国葡萄的主要种植区集中在新疆、陕西、河北、云南、江苏和河南等地。

根据 2019 年我国农村统计年鉴数据，2018 年，我国葡萄面积最大的前 6 个省、区依次为新疆（约占全国 19.7%）、陕西（约占全国 6.4%）、河北（约占全国 5.8%）、云南（约占全国 5.7%）、江苏（约占全国 5.5%）和河南（约占全国 5.4%），面积均超过 3.9 万公顷，其中新疆总面积更是高达 14.29 万公顷，陕西、河北分别为 4.67 万公顷和 4.20 万公顷（图 1-4）。

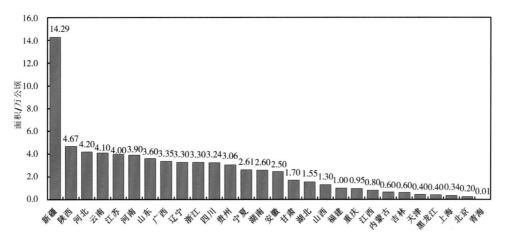

图 1-4 2018 年全国各省、区葡萄种植面积

在产量方面，2018 年我国葡萄总产量最多的前 6 个省区依次是新疆（约占全国总产量的 21.50%）、河北（约占全国总产量的 8.30%）、山东（约占全国总产量的 8.00%）、云南（约占全国总产量的 7.41%）、河南（约占全国总产量的 5.63%）、浙江（约占全国总产量的 5.62%），均超过 76.8 万吨，其中新疆葡萄总产量高达 293.8 万吨，河北、山东、云南均超过 100.0 万吨。河南省的葡萄产量为 77.0 万吨，位居全国第五位（图 1-5）。

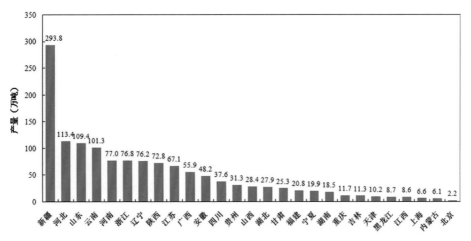

图 1-5 2018 年全国各省区葡萄产量

我国鲜食葡萄种植面积较多的省区有新疆、云南、湖北、湖南、辽宁、陕西、广西、山东、河南等地，鲜食葡萄总种植面积约占全国鲜食葡萄总种植面积的 70%，表明近年来我国鲜食葡萄种植区域正在逐

渐向西南各省区（如云南、广西、四川）扩展。

酿酒葡萄种植面积较多的省区有河北、甘肃、宁夏、山东、新疆等地，酿酒葡萄均为欧亚种品种，占全国酿酒葡萄种植面积的60%以上；而广西、湖南、吉林等省区是毛葡萄、刺葡萄、山葡萄及山欧杂种葡萄的主要种植区，这3个省区的酿酒葡萄种植面积占全国酿酒葡萄总种植面积的近20%。

制干葡萄主要集中在新疆种植，约占全国葡萄总种植面积的5%。

三、品种结构

我国葡萄种植以鲜食葡萄为主，约占总种植面积的80%，酿酒葡萄约占15%，制干葡萄约占5%，制汁葡萄极少（图1-6）。近年来，随着国外优良品种的引进和我国自主知识产权品种的陆续推广，我国葡萄品种结构逐渐改善。

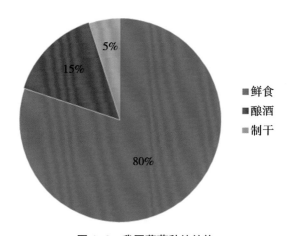

图1-6 我国葡萄种植结构

20世纪80年代，巨峰葡萄在我国大面积栽培，一直成为我国的主栽葡萄品种，主要分布在东北、华北及降水量偏多的中东部和华南地区。2000年左右红地球葡萄开展大面积栽培，成为仅次于巨峰的我国第二大葡萄栽培品种，主要分布在西部地区。之后夏黑、阳光玫瑰等品种陆续开始在我国快速发展。

总体上，巨峰、夏黑、藤稔等欧美杂种葡萄约占我国葡萄总面积的49%。其中，巨峰是河北、山东、山西、甘肃、陕西、上海、安徽、浙江、江苏、广西、福建、四川、吉林、辽宁等地区栽培面积最大的鲜食品种；在北京、天津、湖北、甘肃、陕西、湖南等地是位列前两名的主要栽培品种；其他省区均有一定栽培，但生产中的占比有下降的趋势。夏黑是江苏地区葡萄主栽早熟品种，云南夏黑栽培面积占40%左右，它也是湖北、四川、广西、安徽、浙江等地的主栽品种之一，在上海、福建、河南等地大量栽培，其他省、区栽培较少。但夏黑葡萄的栽培面积有逐年下降的趋势。藤稔是湖北省葡萄栽培面积最大的品种，在其他省区有零星栽培。

红地球、无核白、玫瑰香、克瑞森无核、火焰无核、美人指等欧亚种葡萄约占我国葡萄种植总面积的42%，其中红地球约占23%，无核白约占11%。红地球葡萄是云南、北京栽培面积最大的品种，分别占其种植面积的40%左右，在陕西、甘肃、山西、河北、天津、湖北、福建、四川、浙江、黑龙江等地区，红地球葡萄是位列前几名的主要栽培品种。红地球葡萄的栽培面积也有逐年下降的趋势。

夏黑、阳光玫瑰、克瑞森无核、火焰无核等品种是近年来大面积发展的葡萄品种。阳光玫瑰葡萄在云南、四川、湖北、浙江、河南等地发展速度很快。

我国主要酿酒葡萄品种有赤霞珠、蛇龙珠、梅鹿辄、霞多丽、白玉霓、黑比诺、西拉、左优红、威戴尔、双红、双庆、双优、北冰红等，其中，以赤霞珠和蛇龙珠为主，这两个品种占全部酿酒葡萄的80%以上。

四、市场情况

我国葡萄市场结构从产品种类来看主要有鲜食葡萄、葡萄酒、葡萄干和葡萄汁。其中，鲜食葡萄产量占葡萄总产量的75%以上，酿酒葡萄产量占葡萄总产量的15%左右，仅有不足10%的葡萄用于制干、制汁或制醋，很少部分用于其他加工产品（图1-7）。其他葡萄主产国与我国葡萄产业情况不同，欧美葡萄主产国一般有近70%的葡萄用于酿酒，25%用于鲜食，5%用于制干、制汁或制醋。

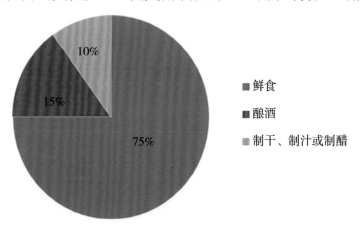

图1-7 我国葡萄市场产品结构

我国鲜食葡萄市场以国内生产的葡萄为主，进口葡萄所占比例较低，且近几年总体下降。2013、2014年度我国的进口葡萄在国内鲜食葡萄供给总量中所占的比例达到最高，为2.78%，然后开始下降，2018、2019年度为2.07%；近年来进口葡萄所占比例维持在2%~3%，其整体所占的比例小，对国内市场影响较小。在进口的鲜食葡萄中，以美国产的红地球和智利产的青提葡萄为主。进口葡萄多采用单穗包装，耐储存，流通环节的损失率低，销售单价较高。在2018、2019年度，我国鲜食葡萄市场消费总量为943万吨，比上年度减少了102.4万吨。

从国内葡萄售价情况看，葡萄价格两极分化明显，不同地区不同品种也存在显著差异。2018年葡萄市场供给质量普遍提高，品种更加丰富，不同品种、不同品质的葡萄市场价格出现明显差异，市场整体呈现出更明显的优质优价特点。产量占比较大的品种巨峰葡萄由于质量提高，优质的巨峰葡萄市场价格明显提高。2018年阳光玫瑰由于品质好、产量有限，继续受到市场的热捧，市场价格明显高于其他品种的葡萄；而红地球、夏黑等品种的市场价格没有呈现明显的增长。

近年来，我国的葡萄酒生产量和消费量经历了显著增长和阶段性调整的过程，根据国际葡萄与葡萄酒组织统计数据，2013年我国是世界第五大葡萄酒消费国，2016年我国生产葡萄酒13.2亿升，而国内葡萄酒消费量为19.1亿升。与前几年相比，我国葡萄酒的生产量缓慢下降、消费量逐渐上升。可见，我国的葡萄酒市场潜力巨大，葡萄酒消费正在从宴会、聚餐等节日性、偶然性消费走向日常性、经常性消费。随着人们保健、营养意识的加强，生活水平的提高，葡萄酒的消费人群、消费频率以及消费量将进一步提高。

葡萄干在我国也是一种重要的葡萄加工产品。2009年，葡萄干的市场供给量和消费量都处于近几年的最高值，2010年和2011年市场供给量和消费量均出现大幅下跌，但从2012年开始反弹，经过7年的增长，2018年我国葡萄干的产量达19万吨，市场总供给量为22.6万吨，而国内的消费量为20.6万吨，达到2002年以来的最高点。

五、存在问题

尽管我国葡萄近年来在品种结构、设施栽培、标准化水平、加工等方面均有改善，但是我国葡萄发展水平仍然比较低，葡萄产品质量不高、市场竞争力不强、中低档鲜食葡萄和葡萄酒过剩等问题依旧突出。另外，葡萄产业面临生产成本增加，农药化肥过量使用，经济效益低等问题，具体表现如下：

（一）品种种植区划滞后、结构不合理

目前，我国对葡萄品种种植区划方面没有开展过全国性的系统研究，各地葡萄发展上存在一定的盲目性，种植户选择品种多受苗商的诱导和周边果农的影响，造成我国葡萄品种单一、结构不合理的现象。全国鲜食葡萄以中晚熟的巨峰和红地球为主，优良早中熟品种及无核品种比例小；酿酒葡萄生产中，以赤霞珠为主，导致酒种单一，缺乏典型性，市场竞争力差。近年来，我国自主研发的葡萄品种推广少，生产主栽品种以国外引进的品种为主，如巨峰、红地球、夏黑、克瑞森无核及目前大面积发展的阳光玫瑰等。

（二）鲜食葡萄中低档果品严重过剩，高质量果品缺乏

目前，我国鲜食葡萄产量超过1 000万吨，约占世界鲜食葡萄总产量的37%，是世界上最大的鲜食葡萄生产国。我国的鲜食葡萄主要靠国内销售，尽管近年来鲜食葡萄出口量有所增加，但是进口量也在增加。2018年我国鲜食葡萄生产量为1 366.7万吨，如此大的产量，国内市场很难消耗。因此，

近年来我国鲜食葡萄每年都有大量过剩，加上我国鲜食葡萄的品质普遍偏低，导致市场平均价格在4~6元/千克，个别甚至低于2元/千克。

随着社会经济水平的提高，消费者对优质果品的需求日益增加，因此，我国近年来进口鲜食葡萄的快速增长和设施栽培面积的上升都是迎合国内优质果品需求的必然结果。目前，我国葡萄市场上呈现两极分化现象，一方面进口和国产的高端鲜食葡萄供不应求，另一方面国产低端鲜食葡萄价格持续走低和大量滞销。

（三）栽培管理标准化、机械化程度偏低，葡萄质量安全隐患多

我国葡萄生产标准化程度总体偏低，土肥水管理、病虫害防控、优质丰产等问题非常突出。我国葡萄产业的经营主体是数量多、规模小的散户，这样造成葡萄生产新技术的推广应用难度很大。散户为了获得经济效益，就会采用过量施用化肥和农药来提高产量，最终造成果实品质差、安全性低、土壤环境恶化等问题。另外，在鲜食葡萄生产上还存在滥用激素的现象，造成果实过度膨大、品质差等问题。

目前，我国葡萄生产管理的机械设备中，在生产中应用相对比较成熟的有旋耕机、开沟施肥机、喷药机、埋土机、枝条粉碎机等，基本解决了葡萄生产过程中部分环节的机械作业问题，但部分机械设备的加工及作业质量有待于提高，经常出现机械损坏不能使用的现象。

另外，我国葡萄生产中还存在缺乏系统配套、先进实用的果品生产全程质量控制技术标准体系、栽培模式落后、采用密植方式等问题。

（四）葡萄生产管理成本增加，效益下降

葡萄种植是典型的劳动、资金和技术复合密集型产业。近年来，人工、农资（肥料、农药、避雨设施等）生产成本价格不断上涨，造成生产投入大幅增加，这对葡萄增效和果农增收影响很大。

（五）优质苗木繁育体系建设滞后，苗木质量难以保证

我国葡萄苗木生产中存在无病毒优质良种苗木繁育体系建设滞后、苗木生产管理不规范等突出问题。目前，我国葡萄苗木的繁育和经营以个体户繁育为主，苗木质量参差不齐，品种纯度难以保证，脱毒优质新品种苗木难以有效保障。近年来，葡萄检疫性虫害根瘤蚜和病毒病有蔓延趋势，生产上多选用自根苗，对抗性砧木推广和嫁接栽培重视不够。另外，个别苗商为了销售苗木，给品种乱起名，蛊惑种植户，造成同一品种多个名字的现象。

（六）产业化、组织化程度低，品牌意识薄弱，产品营销体系不健全

我国葡萄产业的组织化和现代化生产程度低，基本上是以家庭为单位，规模小，投入低，缺乏组织性，造成小生产与大市场矛盾冲突。龙头企业和专业合作社规模小、发挥作用小，品牌意识薄弱，市场

竞争力不足,龙头企业和农户尚未形成真正的利益共同体,对产业的带动能力不够。市场销售网络不健全,现代化的营销模式和手段尚未普及。

六、发展方向

(一)调整优化葡萄种植区域布局和品种结构

结合地区生态气候和区位优势,根据市场需求调整品种结构、种植面积,提高葡萄质量和效益,开拓国外市场。在葡萄生产和区域化发展上,优势产区加大生产规模,重点扶持;非优势产区可适当发展,供应当地市场。目前,我国葡萄大体上划分为7个优势产区,即东北中北部产区、西北产区、黄土高原产区、环渤海湾产区、黄河故道产区、南方产区和云贵川高原产区。

每个葡萄品种有不同的特点和适合生产的区域,长势较旺的品种适宜在中西部地区的干旱、半干旱地区种植,可以抑制其长势,促进果实生长;容易裂果的品种可以在设施内种植,人为控制水分供应,减轻裂果。巨峰系品种抗病性强,可以种植在东部降水量多的地区。

(二)生产优质果品,提高市场竞争力

我国葡萄生产正逐步从数量效益型向质量效益型、品牌效益性转变。采用优良品种,控制产量,提高质量,精细花果管理,增施有机肥,均衡配方施肥等方法,正在成为生产优质果品的方法(图1-8)。

图1-8　阳光玫瑰葡萄优质丰产栽培结果图

（三）加大葡萄节本优质绿色生产技术的推广力度，实现产业的转型升级，提高葡萄产业的竞争力

为了降低葡萄生产成本，加快葡萄产业的转型升级，提高果品市场竞争力，保持葡萄产业的可持续发展，应大力推行葡萄节本优质绿色生产技术。葡萄节本优质绿色生产主要通过省力化的优良品种、轻简、适于机械化生产的配套农艺措施及机械设备、土肥水的科学化管理和病虫害的绿色综合防控等途径实现，是我国现代葡萄产业发展的主要方向和必然趋势。

（四）积极培育龙头企业，加强对葡萄专业合作组织政策与资金支持

积极创造有利环境，培育壮大龙头企业，强化品牌战略。进一步完善企业与生产者的利益联结机制，鼓励企业与科研单位、生产基地建立长期的合作关系。积极发展经济合作组织和葡萄专业协会，坚持适度生产经营规模，继续加强对葡萄专业合作组织给予政策与资金支持，不断提高产业素质和果农的组织化程度。发展电子商务、农超对接、精品园艺、旅游观光采摘、体验式消费等多种新型的营销模式，提高产业经济效益。

（五）严格实行种苗生产标准化、无毒化，满足产业健康发展对优质苗木的需求

建立以现代化定点生产企业为主体、以国家和省级果树科研和技术推广机构为依托的葡萄苗木繁育体系。实现葡萄种苗生产的有序性、规范化和规模化，规范葡萄新品种知识产权管理和品种严格登记制度；严格实施葡萄苗木无毒化和苗木质量标准化，保证种苗质量、纯度，控制检疫性病虫害蔓延扩散，适应现代葡萄产业对优质苗木的需求。

（六）开发葡萄产业新功能，发展休闲观光及乡村旅游产业

随着现在生活节奏的加快，人们需要寻找休闲的去处放松心情、修养身心、解除疲劳，休闲观光农业应运而生。葡萄设施栽培技术的应用与休闲观光及乡村旅游产业的发展将成为城市近郊葡萄园发展新模式，大力开发葡萄产业文化，在城市近郊发展旅游观光型、庭院型、葡萄庄园（酒庄）等模式，建立葡萄产业田园综合体，进一步扩大葡萄产业功能范围，大幅度增加葡萄产业经济效益。为了迎合消费者的需求，观光葡萄园可以将葡萄进行精雕细刻，培育形、色、香、味俱佳的果品，吸引更多消费者采摘（图1-9、图1-10）。

图1-9　上海马陆葡萄主题公园

图1-10　广州南国葡园

（七）建立现代葡萄产业体系，大力拓展国外市场，增加出口，提高葡萄产业整体效益

　　建立现代葡萄产业生产体系、经营体系，培育新型葡萄经营主体和健全葡萄社会化服务体系，全面提高葡萄产业的现代化水平；研发推广葡萄低温绿色储藏物流运输技术、果品产期调控技术；发挥地域特色优势，开发适宜消费者需求的特色葡萄酒精深加工技术，利用当地的优质酿酒葡萄酿制具有民族文化和地域特色的葡萄酒，培育特色葡萄酒品牌和地方标志。

第三节　河南省葡萄生产现状与发展趋势

一、河南省葡萄生产情况

河南省地处我国中部，属暖温带－亚热带、湿润－半湿润季风气候，所辖区域是承南启北、连贯东西的重要交通枢纽，拥有铁路、公路、航空等相结合的综合交通运输体系，在我国果树生产的版图上占据重要位置。该区域具有独特的地理条件、气候条件和交通条件，是北方落叶果树生产最前沿的省份之一，也是北方落叶果树与南方常绿果树的过渡带。

河南省葡萄产业的特点是：黄河以北地区冬季需下架埋土防寒，黄河以南地区需采取避雨措施栽培；葡萄果实95%以上是鲜食，酿酒葡萄只占很少一部分；葡萄产品主要供应省内，外销比较少；河南省人口众多，需求旺盛，葡萄产品主要来自河北、浙江、云南等地。

河南省葡萄栽培历史悠久，早在1 000多年前，古都洛阳已有葡萄栽培。20世纪80年代中期，河南省葡萄以酿酒品种为主，面积超过2.1万公顷，仅次于新疆、山东，成为我国第三大葡萄栽培大省。到80年代末，酿酒葡萄出现低谷，河南省的葡萄面积缩减了一半以上，剩下约0.9万公顷。90年代中后期，河南省葡萄产业再次进入发展期，此次以发展鲜食葡萄品种为主。

2007~2018年，河南省葡萄种植面积从2.62万公顷增加到3.90万公顷；葡萄产量增加幅度更大，从2007年的41.95万吨增加到76.96万吨，说明河南省的葡萄单产增加更快（图1-11）。

图1-11　2007~2018年河南省的葡萄产量和种植面积变化趋势

二、葡萄在河南省水果生产中的地位

根据 2019 年河南省统计年鉴数据，2018 年河南省水果总产量为 907.39 万吨，葡萄总产量为 77.13 万吨，约占河南省水果总产量的 8.5%，位于苹果、桃、梨之后，排名第四位。在面积方面，2018 年河南省果园总面积为 43.407 万公顷，其中苹果园面积为 12.906 万公顷，居第一位，桃园面积为 8.823 万公顷，梨园面积为 6.336 万公顷，分别位居第二位和第三位，葡萄园面积为 3.906 万公顷，位居第四位，葡萄园面积占河南省果园总面积的 9.0%（表 1-8）。

表1-8　2014~2018年河南省主要果树种植面积和产量

年份	2014		2015		2016		2017		2018	
	面积（万公顷）	产量（万吨）	面积（万公顷）	产量（万吨）	面积（万公顷）	产量（万吨）	面积（万公顷）	产量（万吨）	面积（万公顷）	产量（万吨）
苹果	17.195	441.74	17.021	449.65	15.654	438.58	14.739	434.53	12.906	402.74
桃	7.001	113.32	7.382	119.35	7.861	127.80	8.242	133.58	8.823	141.42
梨	5.297	112.91	5.473	114.83	5.457	117.48	5.549	121.84	6.336	122.86
葡萄	3.394	58.39	3.625	63.78	3.787	68.27	3.694	70.29	3.906	77.13

三、区域布局

河南省各地市均有葡萄种植，由于各地经济发展水平、耕种习惯的不同，葡萄在河南省的分布差别较大。总的来说，经济发展水平高、有葡萄栽培历史的地区，葡萄发展规模大，设施化程度高。商丘、洛阳葡萄栽培面积一直处于领先地位，信阳、驻马店、周口、三门峡、开封、南阳、郑州等地和 10 个省直管县的葡萄总体栽培面积也呈增加趋势。近年来，葡萄避雨栽培在全省各地区尤其是年降水量大的豫南地区发展较快。

2018 年，商丘、信阳、洛阳地区的葡萄种植面积在全省排列前 3 位，均超过 0.4 万公顷，约占全省葡萄种植总面积的 40.5%，商丘和信阳的葡萄面积均比 2017 年有所增加。在产量方面，商丘、洛阳、三门峡地区在河南省排列前 3 位，商丘的葡萄产量达 16.11 万吨。与 2017 年相比，商丘的葡萄产量增加显著，而洛阳、开封、安阳、濮阳的葡萄产量都在减少（表 1-9、表 1-10）。

表1-9　2017年、2018年河南省各市（县）葡萄栽培面积排名

单位：（万公顷）

排名	市（县）	2018年	2017年	排名	市（县）	2018年	2017年
1	商丘市	0.663	0.520	15	永城市	0.069	0.117
2	信阳市	0.501	0.351	16	许昌市	0.066	0.110
3	洛阳市	0.417	0.418	17	濮阳市	0.063	0.060
4	南阳市	0.336	0.235	18	汝州市	0.046	0.043
5	驻马店市	0.278	0.305	19	邓州市	0.042	0.040
6	周口市	0.261	0.248	20	新蔡县	0.038	0.070
7	三门峡市	0.248	0.281	21	固始县	0.038	0.045
8	郑州市	0.237	0.246	22	滑县	0.037	0.039
9	平顶山市	0.164	0.151	23	兰考县	0.034	0.039
10	开封市	0.152	0.249	24	巩义市	0.034	0.037
11	安阳市	0.148	0.151	25	长垣县	0.03	0.034
12	新乡市	0.139	0.144	26	鹿邑县	0.016	0.005
13	漯河市	0.139	0.144	27	鹤壁市	0.014	0.016
14	焦作市	0.073	0.059	28	济源市	0.009	0.007

表1-10　2017年、2018年河南省各市（县）葡萄产量排名

单位：（万吨）

排名	市（县）	2018年	2017年	排名	市（县）	2018年	2017年
1	商丘市	16.11	10.11	15	许昌市	1.67	1.67
2	洛阳市	9.70	10.71	16	焦作市	1.59	1.40
3	三门峡市	8.68	7.67	17	滑县	1.42	1.45
4	周口市	6.47	6.39	18	濮阳市	1.30	1.36
5	漯河市	4.99	4.85	19	兰考县	1.09	0.86
6	平顶山市	4.70	4.23	20	巩义市	0.93	0.79
7	郑州市	4.50	4.44	21	汝州市	0.62	0.58
8	开封市	3.81	4.22	22	固始县	0.61	0.48
9	安阳市	3.41	3.70	23	长垣县	0.58	0.56
10	信阳市	2.90	2.82	24	鹤壁市	0.57	0.59
11	南阳市	2.33	2.01	25	邓州市	0.29	0.30
12	驻马店市	2.32	2.41	26	鹿邑县	0.25	0.18
13	新乡市	1.80	1.56	27	新蔡县	0.22	0.36
14	永城市	1.76	1.76	28	济源市	0.13	0.12

四、品种结构

河南省葡萄品种结构受各地经济水平、种植户文化程度、获得信息量等因素的影响，各地市葡萄产区在葡萄品种选择上表现为多样性，采取的栽培方式也各不相同。郑州、洛阳等葡萄产区自 2012 年起，开始引入欧美种葡萄阳光玫瑰和金手指；洛阳、驻马店、周口、南阳等地 2014 年起开始种植欧美种户太 8 号，洛阳、三门峡、新乡同年开始种植欧亚种克瑞森无核。

目前，河南省葡萄生产上主栽品种有欧美种巨峰、夏黑、阳光玫瑰、户太 8 号、8611、金手指、巨玫瑰、京亚、藤稔等，欧亚种有红地球、维多利亚、克瑞森无核、火焰无核、粉红亚都蜜、绯红、摩尔多瓦、美人指、无核白鸡心（森田尼无核）等。虽然栽培品种较为多样化，但河南省鲜食葡萄栽培品种仍以巨峰系和红地球为主，缺乏优良早中熟和无核葡萄品种。红地球、巨峰和夏黑的种植面积约占全省葡萄种植面积的 80%，且以露地栽培为主。葡萄产量和种植面积一直排名全省第一位的商丘，8611 的种植面积约占当地葡萄种植面积的 50%，主要采用温棚栽培模式。葡萄新品种阳光玫瑰由于其优良的品质已经成为目前河南省主要发展的葡萄品种之一，各地区均掀起阳光玫瑰葡萄种植热潮，栽培面积不断增加。总体上全省葡萄品种的分布没有一定的规律可循，种植者主要依靠经验及所掌握的有限信息选择品种，不对市场需求做深入调查分析，盲目发展一些市场接受度不高的品种，而且跟风种植现象比较严重（表 1-11）。

表1-11　河南省葡萄主要栽培品种及分布（2018年）

品种	分布地区	备注
红地球	焦作、新乡、周口、开封、洛阳、郑州、三门峡、安阳等	
巨峰	郑州、焦作、新乡、洛阳、三门峡、安阳等	
夏黑	郑州、商丘、洛阳、驻马店、南阳、信阳、周口等	各地均有种植
阳光玫瑰	郑州、洛阳、驻马店、焦作、信阳、周口、济源等	种植面积逐年增加
巨玫瑰	郑州、洛阳、南阳、三门峡、新乡、济源等	
户太 8 号	洛阳、驻马店、周口、南阳等	
燎峰	洛阳、焦作等	
京亚	商丘、郑州、洛阳等	
藤稔	商丘、郑州、洛阳、焦作等	
A17（紫甜无核）	郑州、洛阳、商丘、许昌等	
粉红亚都蜜	商丘、洛阳等	

品种	分布地区	备注
维多利亚	洛阳、郑州、新乡等	
无核白鸡心	开封、洛阳、周口等	
8611	商丘、漯河、安阳等	
绯红	商丘、新乡	
摩尔多瓦	周口、平顶山、驻马店等	
金手指	郑州、洛阳、开封、南阳等	
克瑞森无核	洛阳、三门峡、新乡等	
美人指	周口、郑州等	
玫瑰香	濮阳、洛阳等	
其他品种（浪漫红颜等）	信阳、南阳、驻马店、焦作等	

五、葡萄加工

河南省葡萄加工业比较薄弱，没有龙头企业和规模较大的葡萄加工企业。河南省葡萄酒产业几经波折，曾经从辉煌跌到低谷。目前规模较大的葡萄酒企业有民权九鼎葡萄酒有限公司（原民权葡萄酒厂）、民权县天裕葡萄酒业有限公司和河南省鹤壁市宏达葡萄酒厂等。随着葡萄产业的逐步发展，一些小型的葡萄加工企业陆续建设和投产。此外，一些葡萄种植专业合作社、葡萄庄园、农业发展公司也开始逐渐发展葡萄加工业。葡萄加工产品以干红为主，甜型酒比例也在增加，蒸馏酒也有少量生产，此外还有葡萄汁、葡萄醋等加工品。

六、苗木生产情况

河南省的葡萄苗木主要是自产自销。郑州、许昌、洛阳、商丘、驻马店、南阳等地区都有少量繁育，用于自己扩大生产和外销，如河南太康县新奇葡萄苗木繁育场、河南安阳惠农果树苗木繁育基地等。另外，来自浙江、江苏、山东等地区的优质葡萄嫁接苗在河南省也占有一定的比例。

目前，河南省的葡萄苗木以扦插苗为主，品种主要有夏黑、阳光玫瑰、巨玫瑰、京亚等，价格在每株3~8元；嫁接苗价格稍高，价格在每株8~10元；个别新品种，价格在每株20元左右。

七、种植效益

河南省农业科学院园艺研究所通过对全省 152 个葡萄园持续跟踪调查发现，各地市由于种植品种、栽培模式不同，效益差别较大。巨峰系品种群，每亩产值一般在 6 000~8 000 元；露地栽培红地球、维多利亚产区，每亩产值在 8 000 元左右。郑州市惠济区、驻马店遂平县、漯河临颍县、驻马店新蔡县、信阳罗山县等地采用避雨栽培，葡萄果实商品性大大提高，每亩效益在 1.0 万元以上。早熟品种或促早栽培效益高，如夏黑 10~15 元 / 千克，每亩效益 2 万 ~3 万元。设施葡萄高投入、高产出，如河南省宁陵县温棚促早栽培，每亩产值在 2 万元以上；郑州、洛阳、驻马店等地的近郊观光果园的葡萄售价较高，阳光玫瑰的售价在 40~80 元 / 千克不等，每亩效益可达 5 万 ~10 万元，甚至更高，这是因为一方面这些地区经济发展水平较高，消费者购买能力强，另一方面园区注重科技和资金投入，通过设施栽培、精细化管理等技术，优质果率高。

八、市场行情

河南省人口过亿，内需旺盛，90% 以上葡萄用于鲜食，酿酒葡萄只占很小一部分，葡萄产品外销很少，主要供应省内，但是受成熟期过于集中、商品果率低等因素的影响，占据本省葡萄市场的份额较小。目前河南省葡萄市场主要依赖云南、山西、陕西、浙江、河北、辽宁等地供应，此外还有部分进口葡萄产品。因此，河南省葡萄生产有很大的发展空间。

目前，河南省葡萄市场已经实现周年供应。除了从 2016 年开始批发市场新增葡萄品种阳光玫瑰和克瑞森无核之外，市场上供应的葡萄品种变化不大。1~3 月，市场上以红地球葡萄为主，主要是储藏保鲜果品，还有部分来自美国、智利进口。4~5 月，市场上供应的葡萄品种有夏黑、红地球、维多利亚等，都是来自外省，如云南、广西等地。6~7 月，主要为保护地早熟品种，如夏黑、维多利亚、8611 等，8611 来自商丘产区，其他品种小部分为河南省自产，大部分来自云南、辽宁、河北等地。8~10 月，以中晚熟葡萄品种为主，如巨峰、红地球、无核白鸡心、阳光玫瑰、克瑞森无核等，有河南省自产，也有来自河北、山西、云南、辽宁、陕西等地。11~12 月，市场上供应品种有红地球、克瑞森无核等，都是来自外省，如新疆、辽宁、河北等地（表 1–12）。虽然河南省葡萄产区 2012 年开始种植阳光玫瑰，但多以观光采摘形式销售，2016 年起有部分流入批发市场。河南省果品市场上从 2016 年起供应的克瑞森无核主要来自山西和山东产区。

表1-12　2018年河南省葡萄市场供应情况一览表

月份	销售品种	来源地
1~3	红地球、巨峰、火焰无核、无核白等	美国、智利，新疆、辽宁、河北等
4~5	夏黑、红地球、维多利亚等	云南、广西等
6~7	夏黑、阳光玫瑰、巨峰、克瑞森无核、藤稔、维多利亚、8611等	河南、云南、辽宁、河北等
8~10	巨峰、红地球、美人指、瑞必尔、无核白鸡心、阳光玫瑰等	河南、河北、山西、云南、辽宁、陕西等
11~12	红地球、克瑞森无核、无核白、火焰无核等	新疆、辽宁、河北等

近年来，河南省葡萄市场价格变化幅度不大，总体上价格有降低的趋势。红地球、巨峰一直是占据河南省市场份额最大的葡萄品种，且90%左右来自外地供应。红地球前期主要来自云南产区，价格为9~12元/千克；后期主要来自山西、陕西和本省产区，价格为3~5元/千克。巨峰葡萄前期主要来自浙江产区，果穗大小适中，果粒上色均匀，商品性高，售价为8~11元/千克；后期主要来自山西、辽宁、河北和本省产区，果穗偏大、上色不均匀，商品性差，售价一般为3~4元/千克。河南省葡萄产区种植模式以露地栽培为主，果实商品性不高，市场价格明显低于其他产区，同样的葡萄品种以河南产区的葡萄市场价格最低。2017年克瑞森无核市场份额增大，价格为6~12元/千克，主要来源于山西产区和山东产区。山东产区克瑞森无核果实着色均匀，销售价格较高。2016年阳光玫瑰作为葡萄新品种进入批发市场，价格为16~20元/千克，来自安徽、河南产区，批发价格较高，占据市场份额不大。

随着社会经济的快速发展，城乡居民的收入不断提高，对高档鲜食葡萄和葡萄酒的需求量也在增加。今后，河南省果品批发市场上葡萄品种结构将发生细微变化，红地球和巨峰依然是主导品种，早熟品种夏黑和中晚熟品种阳光玫瑰、克瑞森无核、红宝石无核等优质、无核葡萄品种的市场份额将会逐渐增大。因此，以市场需要为导向，生产上应大力发展优质、早熟和无核葡萄品种。

九、存在问题

虽然河南省葡萄产量和种植面积连年持续增长，葡萄种植区域遍布河南省各市、县，栽培模式趋于多样化，以葡萄为主题的农业专业合作社、农业公司和融合第一、第二、第三产业的近郊观光果园发展的如火如荼，标准化管理技术等方面都取得了较大的发展，河南省果品市场日渐丰富完善。但不可忽略的是河南省葡萄产业仍存在诸多问题，导致河南省葡萄市场竞争力差，效益不高，投资热情下降，影响河南省葡萄产业的健康、可持续发展。

（一）品种区划不合理，品种结构有待优化

以河南省农业科学院、中国农业科学院郑州果树研究所、河南农业大学等为代表的科研单位和高校致力于河南省葡萄主栽品种的更新换代，通过引种、栽培技术研究和新品种选育，取得了一定的成效。

阳光玫瑰、夏黑、克瑞森无核等新优葡萄品种的种植面积和市场份额正逐年增加。但目前，河南省鲜食葡萄栽培品种仍然以巨峰系和红地球为主，种植面积约占全省葡萄种植面积的80%，缺乏优良早中熟和无核葡萄品种。各地发展葡萄普遍具有一定的盲目性，不对市场需求做深入调查分析，仅仅依靠已有的经验和所掌握的有限信息，盲目发展一些市场接受度不高的品种，而且跟风种植现象极为严重，缺乏前瞻性的产业规划和布局。河南省产区还没有对葡萄品种种植区域进行合理区划，片面追求发展规模，不考虑市场需求、品种适生区，导致品种发展、生产规模、产能与市场需求不匹配。虽然葡萄的种植面积在逐年增加，但栽培品种多样性不够，鲜食葡萄品种仅局限在少数几个"国际化"品种，自主知识产权品种少，品种结构较为单一。葡萄新品种阳光玫瑰由于其优良的品质已逐渐成为生产中的主栽品种之一，各地市均掀起阳光玫瑰种植热，栽培面积在不断增加，一旦规模化形成，成熟期和销售期高度集中，极易造成果品滞销。

（二）标准化程度低，果实品质差，市场竞争力弱

河南省在葡萄设施栽培及标准化管理技术等方面已经取得了一定发展，避雨栽培已经在降水量大的豫南地区大面积推广应用，但葡萄生产标准化程度总体上仍然较低，优质标准化栽培理念也尚未普及。目前生产上仍以传统的露地栽培为主，栽培架式多采用篱架，很多园区没有统一的生产操作规程。生产中为了追求产量，采用密植方式，管理难度大（图1-12）。不注重花果管理，片面追求高产和大果，忽视果品质量，导致果实着色不良（图1-13），糖度不高，品质下降，优质果率低，严重影响果品商品价值和市场竞争力，降低销售价格和种植收益。

图1-12　露地栽培葡萄密植园（株行距0.5米×1米，每亩667株）

图 1-13　葡萄果穗大、上色慢

（三）区域分散，规模化和产业化程度低

虽然近几年来河南省鲜食葡萄发展较快,各市、县都有葡萄种植,但种植区域分散,产业集中不明显,且规模化和产业化程度低,品牌意识薄弱,缺少龙头企业的带动。大多数葡萄种植还是一家一户生产,规模小、力量单薄、组织化程度低,相互之间缺乏必要的沟通,没有代表他们的利益组织,无序经营,恶性竞争,难以形成规模和市场。即使生产出优质葡萄,也不注重分级、包装等产后处理环节,商品性差,效益不高,导致种植者投资热情下降,不利于产业健康发展。

（四）产后处理环节薄弱，缺乏品牌意识

根据调查,特别对老产区的果农,一般都是混级销售,不愿分级或分级不细,卖不到高价格。另外,葡萄种植分散,没有形成市场,更没有企业来投资建冷库、建市场,因此,在果品成熟季节,简单的预冷或储存设施设备比较少,果农必须把成熟的葡萄销售完,否则果品就会烂掉。在销售环节,因为大部分果农没有自己的公司,没有自己的品牌,没有自己的包装,各家各户都是用果框到市场去销售,提升不了果品的档次,收入也不能提高。

（五）缺乏病虫害预防体系

河南地区雨季多集中在葡萄成熟季节,造成病虫害发生严重,尤其是露地栽培条件下,病虫害防治困难（图 1-14、图 1-15）。另外,葡萄种植者缺乏预防为主、绿色综合防控的意识,一般不进行提

前预防，发现病、虫害才用药，而且乱打药现象较为普遍，不仅效果不佳，增加病虫害防治成本，而且极易造成农药残留超标，严重影响种植收益。此外，近年来，自然灾害频发，葡萄种植者对自然灾害的反应能力较差，损失惨重。

图 1-14 露地栽培葡萄果实病虫害发生严重

图 1-15 露地栽培葡萄叶片病虫害发生严重

（六）葡萄生产成本增加

葡萄生产是劳动密集型产业。近年来，葡萄生产成本逐年增加，主要体现在一方面农资价格上涨，包括肥料、农药等；另一方面人工成本增加。随着外出打工人员的增多，农业从业人员减少，现有劳动力群体年龄普遍偏大，而且综合素质不高，接受新技术的能力偏低，在葡萄花果管理等关键时期存在劳动力缺乏，而且人工成本逐年增加的局面。

此外，河南省葡萄园机械化程度低，多数葡萄园只有打药机等简单机械，葡萄园生产耗费大量人工。

十、发展方向

随着社会经济的发展，人民生活水平不断提高，果品市场对精品果、高档果、优质果的需求量将大大增加。这将迫使葡萄种植者顺应市场需要，转变观念，改变生产模式，坚持"种植集约化、品种市场化、发展规模化、生产标准化、管理省工化、栽培设施化、资源节约化，果品安全化"原则，以市场为导向，以节本为中心，以质量为目标，以科技为依托，规模化、标准化发展，提质增效。全面推进果品生产由传统数量型效益向质量型效益转变,增强葡萄产品的市场竞争力,注重品牌发展,力争"三产"融合,才能充分发挥河南省的区域优势,促进葡萄产业顺利升级,推动河南省葡萄产业健康、可持续发展,真正实现农业增效、农民增收。

（一）调整品种结构，实现品种优良化，栽培标准化

要适应日益激烈的市场竞争，必须调整品种结构，实现良种化和品种多元化栽培，并建立与品种配套的标准化栽培管理体系。在品种选择上，由过去的只注重产量转变为产量和品质兼顾的原则，同时早熟、大粒、无核、香味也是种植户选择品种的重要因素，如阳光玫瑰（图1-16）、夏黑、巨玫瑰、醉金香等葡萄品种。

图 1-16　避雨栽培阳光玫瑰葡萄优质丰产图

（二）转变观念，将栽培方向从产量优先调整为质量优先

当前，我国的鲜食葡萄产量已远超过市场的实际需求，中低档葡萄在市场上的滞销已经有明显的趋势，同时中高档的优质葡萄仍供不应求。面对这种情况，必须改变产量优先的传统做法，将产量降下来，把品质提上去，以优质果品供应市场，应对当前激烈的市场竞争。

（三）转变栽培模式和管理方式，提高经济效益

由过去的露地栽培逐渐向保护地栽培模式转变。河南省大多数葡萄产区年降水量在500~900毫米，成熟季节过多的降水，造成果实品质低、病害发生严重。要适应新的市场竞争，必须发展避雨栽培，

利用河南产区光照条件好的优点，生产品质优于南方产区的鲜食葡萄。同时，适当发展日光温室、单栋大棚和连栋大棚栽培模式下的促成栽培和延迟栽培，通过拉长葡萄鲜果供应期来获取较高的经济效益。在管理方式上，由过去的粗放管理向精细化管理方向转变，如新梢管理、花果管理和肥水管理等。

（四）培育公司、大户、合作社等新型经营主体

一方面大力发展公司、大户等经营主体，提高经营规模，通过规模化的经营，提高机械化和集约化程度，降低劳动强度，降低劳动力成本，并提高品质；另一方面积极建立葡萄种植合作社，通过合作社将零散农户组织起来，通过规范葡萄种植技术和农资使用，塑造品牌，提高果品安全性，增强市场竞争能力。

目前，一家一户的生产方式正在被葡萄专业合作社所取代，如河南省遂平县杰美农民种植专业合作社、河南省商水县绿苑葡萄专业合作社、洛阳偃师市缑氏巨峰葡萄专业合作社、宁陵县阳驿乡温棚葡萄专业合作社等。合作社的发展带动了一个地区葡萄产业的发展，合作社内部种植户之间相互交流、学习，共同进步。

（五）近郊观光型果园逐渐成为时尚

县级以上城镇近郊观光型果园正在形成规模，城镇居民在节假日更喜欢直接去葡萄园观光休闲，自采消费，如驻马店遂平杰美农业有限公司（图1-17）、郑州黄河滩区的河南中远葡萄研究所有限公司（图1-18）、郑州荥阳九如万家家庭农场有限公司（图1-19）、洛阳龙阳葡萄公园、周口商水县朱集葡萄园，通过每年举办葡萄节，吸引周边游客，促进葡萄产品销售，引导游客鉴赏享受葡萄文化。

图1-17　驻马店遂平杰美农业有限公司

图1-18　河南中远葡萄研究所有限公司

图1-19　郑州荥阳九如万家家庭农场有限公司

（六）加强包装、运输、储藏、销售等环节，减少采后损失

在包装方面，由一箱10~15千克的大包装变为一箱2~5千克的小包装（图1-20、图1-21）；由混

级包装变为严格分级包装；由多果穗混放一起变为单果穗包装（图 1-22）。在运输方面，由现在的常规运输变为采收后先预冷再使用冷藏车到冷库的冷链运输。2016 年河南省新乡长垣宏力高科技农业发展有限公司、洛阳龙阳农业开发有限公司、周口商水美人指葡萄农民专业合作社、驻马店泌阳等相继建成了自己的储藏冷库，专门用于储藏鲜食葡萄。在销售方面，农产品大型批发市场准入制度日渐完善，检验设备越来越先进，对品质差、穗形不美观、农药残留超标等不合格葡萄产品将拒绝进入市场。

图 1-20　夏黑葡萄 3 串 2 000 克包装

图 1-21　阳光玫瑰葡萄 4 串 2 500 克包装

图 1-22　阳光玫瑰葡萄单串包装

另外，遍布城市和乡村的超市销售网络正在形成，水果销售平台日趋多样化。

第二章　阳光玫瑰葡萄品种特点

　　种果树想盈利，选择优良品种是前提！阳光玫瑰是目前我国最受欢迎、品质极佳的葡萄品种之一，是继巨峰、红地球、夏黑之后的又一个时代品种，那么该品种究竟有何吸引人的特点呢？本章将进行详细介绍。

第一节　果实特点

阳光玫瑰，中晚熟葡萄品种，在河南地区露地或避雨栽培条件下于 8 月中下旬至 9 月下旬成熟；欧美杂交种，二倍体。自然果穗圆锥形或圆柱形，松散，坐果不稳定；果粒椭圆形或卵圆形，果粉较多，果皮无光泽，存在大小粒现象，果锈发生严重，平均粒重 6 克左右；果肉软，有籽，含糖量高，香味浓郁；不耐储运，商品性差（图 2-1~ 图 2-3）。

图 2-1　松散、果粉厚、果面无光泽的阳光玫瑰葡萄自然果穗　　图 2-2　大小粒严重、坐果量少的阳光玫瑰葡萄自然果穗　　图 2-3　果锈发生严重的阳光玫瑰葡萄自然果穗

经植物生长调节剂处理、疏花疏果等精细化管理后，阳光玫瑰葡萄果实具有以下特点：

一、果实品质佳

果穗近圆柱形，果粒着生紧密，平均穗重 600~800 克；果粒椭圆形，单粒重 12 克左右，大小均匀一致，果皮绿色至黄绿色，果粉少，果面有光泽，阳光下翠绿耀眼，非常漂亮（图 2-4~ 图 2-6）；果肉脆甜爽口，玫瑰香味浓郁，皮薄可食，无涩味，果皮与果肉不易分离，成熟期可溶性固形物含量在 18% 以上，最高可达 30% 左右，糖酸比适宜，鲜食风味极佳。

图 2-4 果面亮、大小均匀一致、绿色的阳光玫瑰葡萄果穗（刚成熟）

图 2-5 果面亮、大小均匀一致、黄绿色的阳光玫瑰葡萄果穗（成熟中后期）

图 2-6 黄绿色的阳光玫瑰葡萄果穗（成熟后期）

二、丰产性好

可以达到连年丰产、稳产，建议亩（1 亩 =1/15 公顷）产量控制在 1 500 千克左右。

三、果穗成形好

果梗硬，果穗形状稳定，成形好，存放过程中不软塌、不变形（图 2-7）。

图 2-7 果穗成形好、平放不软塌、不变形的阳光玫瑰葡萄

四、不易裂果，抗病性强

尤其是抗白粉病、霜霉病等病害，但是叶片易受绿盲蝽和病毒病危害。

五、挂树时间长

成熟后可挂树 2 个月之久，但后期容易出现果锈现象（图 2-8）。

图 2-8　成熟后树挂 2 个月的阳光玫瑰葡萄（2019 年 10 月 25 日拍摄）

六、耐储存

冷库储藏 3~5 个月，果实品质仍然保持良好（图 2-9、图 2-10）。

图 2-9　冷库储藏 3 个月的阳光玫瑰葡萄果穗（2017 年 9 月 12 日采摘储藏于冷库，2017 年 12 月 12 日拍摄）

图 2-10　冷库储藏 5 个月的阳光玫瑰葡萄果穗（2017 年 9 月 12 日采摘储藏于冷库，2018 年 2 月 12 日拍摄）

七、花果管理较容易

管理上较夏黑容易，但要做好修整花序、疏花疏果等工作。

第二节　植株特点

阳光玫瑰葡萄植株长势较旺，对肥、水需求量大，生产上需要大肥、大水管理。

一、芽的类型

阳光玫瑰葡萄的芽主要分为冬芽、夏芽和隐芽。

冬芽又称休眠芽，位于叶腋处，外表覆盖鳞片，具有晚熟性，一般当年形成处于休眠状态（图2-11），第二年萌发形成新梢（图2-12），是第二年结果新梢的主要组成部分。发育良好的1个冬芽内部包含1个主芽和多个预备芽（副芽），一般情况下，只有主芽萌发，但当主芽受伤或者受到刺激后，副芽也能萌发（图2-13）。冬芽是一个压缩的新梢原基，包含幼叶、花序原基和卷须。需要注意的是生产上如果主梢摘心过重，会造成下部的冬芽当年萌发（图2-14），从而对第二年的结果造成影响。

图2-11　当年形成处于休眠状态的冬芽

图2-12　冬芽第二年萌发

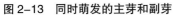

图2-13　同时萌发的主芽和副芽

图2-14　当年形成当年萌发的冬芽（由重摘心造成）

夏芽与冬芽一样，着生在叶腋处，不同的是夏芽当年形成，当年萌发成梢，也叫夏芽副梢（图2-15）。夏芽副梢上的夏芽还会萌发长出二次副梢，二次副梢上的夏芽再次萌发长出三次副梢。

图2-15　夏芽副梢

隐芽也叫休眠芽，通常位于枝梢基部，一般不萌发。当枝蔓受伤或者内部营养物质突然增长时，隐芽便会萌发（图2-16）。隐芽萌发对于树体更新有着重要作用，当主干上部的枝蔓冬季受到冻害或者其他原因死亡时，主干上的冬芽便会萌发，可以重新进行树形培养（图2-17）。

隐芽萌发

隐芽萌发

图 2-16　阳光玫瑰葡萄多年生枝干上的隐芽萌发　　图 2-17　阳光玫瑰葡萄多年生枝干上的隐芽萌发

二、植株生长特点

在春季土壤温度达到10℃左右时，阳光玫瑰葡萄根系开始活动生长，同时树液开始流动，由于此时地上部没有叶片蒸腾，所以树液便会从冬季修剪的剪口处流出，称为伤流（图2-18）。待气温回升到一定程度时，冬芽便会萌发，此时伤流结束（图2-19、图2-20）。

图 2-18　伤流　　　　　　　　图 2-19　绒球　　　　　　　　图 2-20　萌芽

冬芽萌发抽生新梢（图2-21），新梢生长初期的营养供应主要来源于前一年树体的养分积累，生长势强弱也受养分积累的影响。如果树体养分积累充足，芽眼饱满，新梢生长速度快。随着叶片的增多和长大，光合能力逐渐增强，树体营养所占的供应比例逐渐降低，新梢叶片通过光合作用制造的营养逐渐增加。新梢在一年中有两个快速生长期，第一次是在萌芽后到开花前（图2-22），此时期的新梢生长量占全年生长总量的60%左右。此时期新梢生长势的强弱对当年的花芽分化和产量的形成影响较大，生长势过强或过弱对冬芽的花芽分化和当年的开花结果均不利。之后果实生长消耗大量的养分，新梢生长相对缓慢。新梢第二次快速生长期是以副梢生长为主，当果实进入硬核期，果实生长缓慢，此时新梢进入第二次快速生长期（图2-23）。

图2-21　冬芽萌发后长成的新梢

图2-22　新梢第一次快速生长期

图 2-23　新梢第二次快速生长期

新梢生长具有顶端优势，在新梢处于直立状态时表现更为明显，而在处于倾斜或者水平方向时生长较为缓慢。因此，生产上为了促进坐果和果实生长，应将新梢架面放平或者倾斜来抑制新梢过旺生长，缓和树势，即采用平棚架或高宽垂架或高宽平架，最好不要使用篱壁架。

阳光玫瑰葡萄幼叶叶背密布茸毛，叶缘红色（图 2-24）。成熟叶片正面浓绿，表皮有较厚的蜡质层，表面皱（图 2-25），叶背茸毛较多（图 2-26），具有较强的抗病性。枝条中等偏粗，成熟度良好。定植当年需加强肥水管理，使树体成形，枝条健壮，为翌年的结果奠定基础。根据近年来的观察，阳光玫瑰葡萄植株越旺、叶片大且浓绿，果实品质越好，因此，培养壮树是阳光玫瑰葡萄优质生产的基础。

图 2-24　阳光玫瑰葡萄幼叶叶缘红色

图2-25 阳光玫瑰葡萄成熟叶片正面浓绿、表皮蜡质层厚

图2-26 阳光玫瑰葡萄成熟叶片背面密布茸毛

另外，阳光玫瑰葡萄植株生长势中庸偏旺，个别植株长势很弱，存在幼苗长势不一致的现象（图2-27）。针对小而不长的幼苗，易出现僵化现象，即叶片出现皱缩、卷曲、畸形、褪绿斑驳等症状，此时应及时对其进行挖除更换。如果是因为土壤长期干旱或者其他原因造成的幼苗发生病毒病而不生长，应加强水分管理，同时将发生病毒严重的新梢部分摘除或剪掉，让副梢重新萌发。

图2-27 阳光玫瑰葡萄生长迟缓的幼苗

三、开花结果习性

阳光玫瑰葡萄花芽分化好，萌芽率高，结果枝率高，一般每个结果枝上有1~3个花序，花序着生于结果枝第三至第五节（图2-28~图2-31），个别新梢有3个花序（图2-32）或没有花序（图2-33）。

图2-28 花序着生在新梢第三节

图2-29 花序着生在新梢第四节

图2-30 花序着生在新梢第五节

图2-31 花序着生在新梢第四、第五节

图2-32 花序着生在新梢第三、第五、第六节　　　　图2-33 没有花序的新梢

阳光玫瑰葡萄的花为两性花，可以自花结实或者异花结实，花由花梗、花托、花萼、花瓣、雄蕊、雌蕊等组成（图2-34）。花萼由5或6个萼片合生，包围在花的基部；5或6个绿色的花瓣自顶部合生在一起，形成帽状花冠，开花时花瓣基部与子房分离，向上外翻，呈帽状脱落。每朵花有雌蕊1个，子房上位，心室2个，雄蕊5或6个，由花丝和花药组成；开花时花粉囊开裂，花粉散出（图2-35）。

图2-34 阳光玫瑰葡萄的花

图2-35 阳光玫瑰葡萄开花过程（从左到右依次为花蕾，花瓣即将顶起，花瓣顶起呈帽状花冠，花瓣脱落、花粉囊开裂，花粉散出、开花结束）

一般情况下，花序中部的花朵质量最好，也最早开放（图2-36）；接着花序上部的花朵开放（图2-37）；花序尖部的花朵最后开放（图2-38），此时可以看到一个个小果粒，进入坐果期（图2-39）。

图2-36　花序中部的花朵最早开放

图2-37　花序中部、上部的花朵开放

图2-38　花序尖部的花朵最后开放

图2-39　开花后坐果

阳光玫瑰葡萄果实发育有两个快速生长期（图2-40），第一个快速生长期从花后15天左右开始（生理落果期后）到硬核期之前（图2-41），此阶段果粒膨大速度很快，果粒内部积累的主要物质是水分和有机酸，因此，此时如果遇到高温日晒，很容易发生日灼。之后，果实进入缓慢生长阶段（硬核期）（图2-42），此阶段果实硬度较大，葡萄籽变硬（有核栽培），有机酸含量继续增加。大约15天之后（无核栽培硬核期短，有核栽培硬核期长），果实再次进入快速生长阶段，即软化期或果实第二次快速生长期（图2-43），此时，果粒变软并再次快速膨大，糖分开始大量积累，同时，酚类、醛类等次生代谢物质开始形成并积累，有机酸进行降解和转化。果实成熟后，果皮逐渐变成黄绿色，甚至黄色。

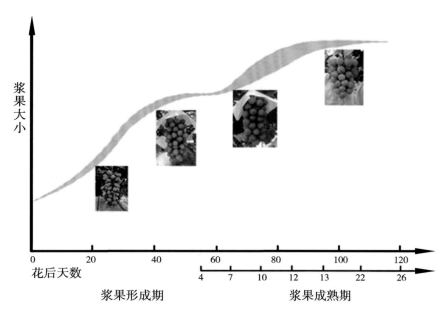

图 2-40　阳光玫瑰葡萄果实发育过程

图 2-41　果实第一次快速生长期

图 2-42　硬核期

图 2-43　果实第二次快速生长期（软化期）

另外，阳光玫瑰葡萄花芽分化是个比较漫长的过程。对于一年一收地区来说，葡萄结果主要靠的是冬芽，冬芽花芽分化的数量和质量直接影响第二年的产量高低。冬芽的花芽分化从当年开花前后开始至第二年花序显现结束，历时10~11个月，主要分为两个阶段，第一个阶段从第一年开花前后开始到新梢生长缓慢的一段时间；第二阶段为第二年春天的一段时间，即从伤流期开始到8片叶左右。因此，植株当年的生长情况对第二年的果实产量有很大影响。

影响阳光玫瑰葡萄花芽分化的因素有很多，主要包括养分、营养生长状况、叶幕结构和环境等。

充足而均衡的营养是阳光玫瑰葡萄花芽分化及花器官形成的物质基础，其中碳水化合物对花芽的形成尤为重要。花器官的形成需要大量蛋白质，氮素不足时，花芽分化缓慢；氮素过多时，新梢徒长消耗大量营养物质，也不利于花芽分化。另外，内源激素的平衡对花芽分化也起着主导作用。

健壮的树势有利于花芽分化，因此，生产上要通过技术手段调节树势，促进花芽分化。新梢和茎尖是生长素合成的主要部位，高水平的生长素会刺激新梢顶端不断长出叶片，造成顶端优势，从而消耗大量的营养物质。通过摘心可以降低生长素含量，缓和树势，促进营养物质在树体内积累，有利于花芽分化。对于长势过旺的植株也可以采取环剥的方式抑制其营养生长，从而促进花芽分化。需要注意的是环剥的宽度一般要小于环剥处枝干直径的1/5。

合理的叶幕结构也是阳光玫瑰葡萄花芽分化所需要的条件。生产上，保留同侧新梢之间距离在20厘米左右，以保证叶幕具有良好的通风、透光条件。另外，新梢摘心后，对于摘心位置下部叶片的副梢要及时进行管理，以免副梢叶片过多造成遮光影响叶片的光合作用。

在环境因素中，光照对阳光玫瑰葡萄花芽分化的影响最大。光照充足、昼夜温差大，有利于光合作用和营养物质积累，花芽分化好。设施栽培条件下，长期处于寡日照条件下的阳光玫瑰葡萄植株，花芽分化将受到影响，成花率降低。

因此，为了促进阳光玫瑰葡萄花芽分化，生产上应加强肥水管理，调整树势；同时要注重新梢管理，加强摘心，控制营养生长。

第三节　阳光玫瑰葡萄的选育

阳光玫瑰葡萄是日本国家农业食品产业研究所果茶研究部葡萄、柿项目组于1983年用安云津21（斯特本 × 亚历山大·马斯卡特）为母本、白南（KattaKourgan × 甲斐路）为父本杂交选育而成的优良品种。斯特本为美国纽约试验站培育，有独特甜味的高糖度品种，品质非常好；白南为甲斐路的后代，品质、风味俱佳，只是充分成熟后果面污点重，外观不佳。阳光玫瑰作为优良单株被选出来后，于20世纪90年代开始在日本各县农业试验场试栽，2006年正式登记为"シャインマスカット"（日语，阳光玫瑰）。

第四节　阳光玫瑰葡萄在河南省的引进与栽培技术研究

河南省农业科学院园艺研究所于 2012 年将阳光玫瑰葡萄引进试验园，并组织有关技术人员开展栽培技术研究。在栽培模式上，观察了阳光玫瑰葡萄在露地、单栋大棚、连栋大棚和避雨栽培 4 种模式下的生长表现；在葡萄架式上，比较了阳光玫瑰葡萄高宽垂架、高宽平架、T 形棚架、厂形棚架和 H 形棚架的生长特点；另外，还开展了阳光玫瑰葡萄合理负载量、无核化处理、花序整形方式、肥水需求规律、果袋颜色、果锈发生规律与防治等方面的研究，从 2016 年开始，连续 5 年开展了阳光玫瑰葡萄果实冷库储藏保鲜技术研究，近三年还开展了阳光玫瑰葡萄成熟后挂树保鲜试验等。经过多项试验研究，证明该品种在河南地区综合性状表现良好，品质佳，适合在河南地区种植。

第三章　阳光玫瑰葡萄建园

葡萄要想种植好，抓住建园是关键！阳光玫瑰葡萄适应性强，长势旺，在河南省农业科学院园艺研究所葡萄研究室专家团队的技术指导下，实现"一年建园，二年丰产"的阳光玫瑰葡萄园比比皆是。

第一节　园地选择

阳光玫瑰葡萄园的选址应考虑产地环境、土壤、气候、生产目的、栽培模式、前茬作物等因素。

一、产地环境

葡萄园的环境条件会影响果品的质量，因此，建园选址时要进行环境质量检测，应符合绿色食品空气质量要求、农田灌溉水质要求。（表3-1、表3-2）。

表3-1　绿色食品空气质量要求

项目	浓度限值	
	日平均	1小时平均
总悬浮颗粒物（毫克／米³）	≤ 0.30	—
二氧化硫（毫克／米³）	≤ 0.15	≤ 0.50
二氧化氮（毫克／米³）	≤ 0.08	≤ 0.20
氟化物（微克／米³）	≤ 7	≤ 20

注：日平均指任何一日的平均浓度；1小时平均指任何1小时的平均浓度。

表3-2　绿色食品农田灌溉水质要求

项目	浓度限值
pH	5.5~8.5
总汞（毫克／升）	≤ 0.001
总镉（毫克／升）	≤ 0.005
总砷（毫克／升）	≤ 0.05
总铅（毫克／升）	≤ 0.1
石油类（毫克／升）	≤ 1.0
六价铬（毫克／升）	≤ 0.1
氟化物（毫克／升）	≤ 2.0
化学需氧量（CODcr）（毫克／升）	≤ 60

二、土壤条件

阳光玫瑰葡萄对土壤的适应性较强，但在中性、透气性良好的沙壤土中生长更好。绿色阳光玫瑰葡萄的土壤质量和肥力应符合 NY/T 391—2013 的要求（表 3-3、表 3-4）。对于盐碱土、过酸、过碱土、重黏土等土壤，建议进行土壤改良后再种植。另外，若使用嫁接苗，要考虑砧木的适应性，如贝达砧不适宜在碱性偏黏的土壤中生长（图 3-1）。

表3-3 绿色食品土壤质量要求

项目	果园		
	pH < 6.5	6.5 ≤ pH ≤ 7.5	pH > 7.5
总镉（毫克/千克）	≤ 0.30	≤ 0.30	≤ 0.40
总汞（毫克/千克）	≤ 0.25	≤ 0.30	≤ 0.35
总砷（毫克/千克）	≤ 25	≤ 20	≤ 20
总铅（毫克/千克）	≤ 50	≤ 50	≤ 50
总铬（毫克/千克）	≤ 120	≤ 120	≤ 120
总铜（毫克/千克）	≤ 100	≤ 120	≤ 120

表3-4 绿色食品土壤肥力分级指标

项目	级别	园地
有机质（克/千克）	I	> 20
	II	15~20
	III	< 15
全氮（克/千克）	I	> 1.0
	II	0.8~1.0
	III	< 0.8
有效磷（毫克/千克）	I	> 10
	II	5~10
	III	< 5
速效钾（毫克/千克）	I	> 100
	II	50~100
	III	< 50
阳离子交换量（厘摩尔/千克）	I	> 20
	II	15~20
	III	< 15

图3-1　贝达砧嫁接的阳光玫瑰在碱性偏黏的土壤中叶片黄化

三、气候条件与栽培模式

　　阳光玫瑰葡萄对气候适应性强，在我国从南到北均可以种植。根据当地的年均降水量、极端低温、极端高温、最低温月份的平均温度、最高温月份的平均温度和一年内大于10℃的积温等因素决定采取不同的栽培模式。阳光玫瑰葡萄露地栽培区的活动积温（大于10℃）应大于3 000℃。另外，年降水量在800毫米以上的地区建议采用避雨栽培（图3-2）。

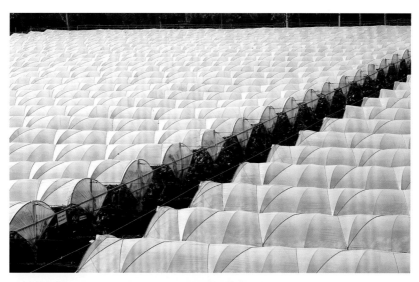

图3-2　阳光玫瑰葡萄避雨栽培

四、生产目的

生产目的即果品用途，若用于采摘，应建在城市近郊，方便周末和节假日观光采摘；若用于批发，可以选择靠近批发市场或者方便找劳动力的地方。

五、前茬作物

调查前茬作物是否与葡萄有重茬或者忌避。如果前期种植葡萄等果树，容易产生重茬障碍或者毒害，最好先进行土壤消毒和改良。如果前期种植甘薯、花生、番茄、黄瓜等容易感染根结线虫的作物，也应该进行土壤消毒和改良。

总之，阳光玫瑰葡萄园最佳选址需满足以下条件：①光照条件好，无长期涝害，田间水电设施完备，排涝良好，土壤肥沃的地块。②生态条件良好，远离污染源，具有可持续生产能力的生产区域，该地域的大气、土壤、灌溉水经检测符合国家标准。③在城镇的远郊，远离交通要道，如铁路、高速公路、车站、机场、码头及工业"三废"排放点和间接污染源、上风口和上游被污染严重的江河湖泊等。④园区应距离公路50~100米以外，以保证鲜食葡萄生产的每一个环节不被污染。

第二节　园区规划

阳光玫瑰葡萄园区规划首先要对园区的地形、地势、土壤肥力及水利条件等基本情况做一全面调查，再进行电、水源位置、田间区划、道路系统、排灌水系统、防风林、配套设施和葡萄株行距的规划。

一、电、水源位置

生产过程中，灌水、打药离不开电源，因此，电源建设应满足生产需要。水源包括河水和井水，其水质应符合环境标准。规划区水源地应尽量设在地势偏高作业区的中心，以便于拉电提水，节省费用。

二、田间区划

田间区划要根据地块形状、现有道路及水利设施等条件对作业区面积的大小、道路、排灌水系统、防风林进行统筹安排。作业区面积大小要因地制宜，平地可以选择5~15亩为一个小区，4~6个小区为一个大区，小区以长方形为宜，长边与葡萄行向垂直，以便于田间作业。山地可以选择5~10亩为一个小区，坡面等高线为界，决定大区的面积，小区的边长与等高线平行，有利于灌、排水和机械作业。

图3-3　河南省农业科学院园艺研究所葡萄试验基地

三、道路系统

葡萄园规划要求田间道路完备且布局合理，便于作业和运输。道路可以在利用现有道路的基础上进行规划。

根据基地果园总面积的大小和地形、地势决定道路等级。在百公顷以上的大型葡萄园，由主道、支道和田间作业道三级组成。主道设在葡萄园的中心，与园外公路相连接，贯穿园区内各大区和主要管理场所，并与各支道相通，组成交通运输网。主道路宽度主要考虑方便果品车辆运输，一般宽度为4~8米（图3-4）。山地的主道可环山呈"之"字形建设，上升的坡度要小于7°为宜。支道设在小区的边界，一般与主道垂直连接，宽度为3~4米，以方便机械在行间转弯作业（图3-5）。田间作业道是临时性道路，多设在葡萄定植行间的空地，一般与支道垂直连接，宽度为3~4米，便于小型拖拉机作业和运输物资行走（图3-6）。

图 3-4　葡萄园主道路

图 3-5　葡萄园支道路

图 3-6　葡萄园田间作业道路（树行中间地面）

四、灌水系统

排灌系统一般由主管道、支管道和田间管道（图3-7）三级组成。各级管道多与道路系统相结合，一般在道路的一侧为灌水管道，另一侧为排水管道。主灌水管道与水源连接，主排水管道要与园外总排水管道连接，各自有高度差，做到灌、排水通畅。有条件的地区，也可设滴灌和暗排，以节省水电，效果更佳。条件差的园区，可以将管道设成渠道，同样起到灌、排水的目的，但效果比管道差。

图3-7　田间管道

五、防风林

防风林也叫防护林，主要作用有：①防风，减少季风、台风的危害。②阻止冷空气，减少霜冻的危害。③调节小气候，减少土壤水分蒸发，增加大气湿度。④增加葡萄园多样性，增加有益生物的同时减少有害生物的侵染。因此，在绿色果品特别是有机栽培的葡萄园，要求至少有5%以上的园区面积是天然林或种植其他树木。

防风林最好与道路结合，主林带要与当地主风向垂直，防风林带的防风距离为林带高度的20倍左右，一般乔木树高为8~10米，所以，主林带之间距离多为400~500米，副林带间的距离为200~400米。

林带树种以乔、灌木混栽组成透风型的防风林，防风效果较好。主林带栽5~7行，约10米宽；副林带为3~4行，约6米宽。防风林常用的乔木树种为杨树、榆树、旱柳、泡桐、松柏等，灌木树种有紫穗槐、荆条、花椒树等。应注意避免种植易招引葡萄共同害虫的树木，如在斑衣蜡蝉发生严重的地区，需要刨除斑衣蜡蝉的原寄主臭椿，也避免种植易招惹斑衣蜡蝉的香椿、刺槐、苦楝等。

六、葡萄园的株行距选择

葡萄的行向与地形、地势、光照和架式等有密切关系。一般地势较平的葡萄园，多采用高宽垂架式、高宽平架式（也叫单干双臂水平V形架）和平棚架等。高宽垂架、高宽平架的适宜株行距为（1.5~4.0）米×3.0米，南北行向，每亩56~150株（图3-8、图3-9），为了保证葡萄尽早进入结果期，葡萄种植密度可以先密后疏（即前期株距小，后期通过间伐扩大株距）。T形棚架葡萄的适宜株行距为（2.6~3.0）米×（6.0~8.0）米，南北行向，每亩28~43株（图3-10）。H形棚架（行向与架面平行）葡萄的适宜株行距为（3.0~6.0）米×（5.0~6.0）米，南北行向，每亩19~45株（图3-11）。单栋大棚厂形棚架葡萄的适宜株距为2.6~3.0米，行距根据棚宽来定，一般为6.0米或8.0米，南北行向，每亩28~43株（图3-12）；日光温室厂形棚架葡萄的适宜株距为2.6~3.0米，行距根据棚宽来定，东西行向（图3-13）。

图3-8　高宽垂架式

图3-9　高宽平架式

图 3-10　T 形平棚架

图 3-11　H 形平棚架

图 3-12　单栋大棚厂形平棚架

图 3-13　日光温室厂形平棚架

山地葡萄园的行向，应与坡地的等高线方向一致，顺势设架，以便于田间作业，葡萄枝蔓由坡下向上爬，光照好。

七、配套设施

葡萄园根据需求可以设置办公室、农资库、农机库、作业室、冷库、水泵房、职工宿舍等（图 3-14~图 3-16）。

图 3-14 农资库

图 3-15 冷库

图 3-16 水泵房

第三节　土壤准备

阳光玫瑰葡萄对土壤适应性较广，一般黏土、壤土、沙土均可以种植。一般选择排灌方便、地势相对高燥、土壤 pH 6.5~7.5 的地块。对于土壤黏重、贫瘠、过酸、过碱的园土，需要经过土壤改良，基本达到葡萄生长要求才可建园。

一、清除植被和平整土地

在未开垦的土地上，常长有树木、杂草等植被，建园前应连根清除。如在已栽过葡萄的土地上再栽葡萄时，一定要先将老葡萄根彻底挖除，再进行土壤消毒，可用50%辛硫磷乳油2 000倍液水剂作为消毒剂施入原树盘的根际，然后翻入深30厘米左右的土壤中即可。也可与原定植行错开定植。

全园的土壤应进行平整，平高垫低，在山坡地要测出等高线，按等高线修筑梯田，以利于葡萄的定植和搭建葡萄架，更有利于灌水、排水、水土保持和机械作业等。

二、土壤施肥

根据李宝鑫等（2020）的调查，我国葡萄主产区的土壤有机质含量为11.42克/千克，有机质处于缺乏水平的土壤面积占比为78.8%。而绿色食品土壤肥力Ⅰ级要求土壤有机质含量大于20克/千克。因此，葡萄定植前要对土壤进行施肥，一般每亩地施入充分腐熟的有机肥5~10吨。可以采用以下方式施入：

● 沿定植行向撒上有机肥，用旋耕机将土壤与有机肥旋耕混匀，再沿定植行起垄（图3-17、图3-18）。

● 对于种植密度较大且具规模的园区，可以将有机肥均匀撒到园子里，进行全园旋耕，然后以定植线为中线，整理起垄。

图3-17　有机肥撒到定植行上

图3-18　有机肥放到定植行上

● 对于种植密度小且精致的园区，建议进行开沟改良土壤，即用挖沟机沿定植行开1.5~2.0米宽、40~50厘米深的定植沟，将挖出来的园土与有机肥混匀后再回填入定植沟中，最后平整起垄（图3-19、图3-20）。

起垄宽度以1.5~2.0米、高度以15~20厘米为宜（图3-21）。起垄后灌足水，沉实后待栽。

图 3-19　挖定植沟

图 3-20　有机肥与园土混匀、回填

图 3-21　起垄

苗木定植时将苗木种植于表土之上，让根系向底肥中扎根，可大大降低烧根的风险。以后每年继续在定植行的两侧距离主干1米左右的位置挖宽30厘米、深30~40厘米的施肥沟，随着树体增大，按照每亩3~5吨有机肥的标准逐年向外扩沟施肥（图3-22）。另外，葡萄行间可以种植豆科作物增加土壤固氮。有机肥的种类包括商品有机肥、腐熟的畜禽粪便、秸秆肥、绿肥、菌菇渣、稻壳等。

图3-22　苗木种植后开沟施有机肥

三、土壤消毒

土壤消毒包括日光高温消毒和药剂消毒。日光高温消毒在夏季8月高温季节进行，将农家肥施入土壤，深翻30~40厘米，灌透水，然后用塑料薄膜平铺覆盖并密封土壤1个月以上，使土壤温度达到50℃以上，杀死土壤中的病菌和线虫。在翻地前，可在土壤上撒生石灰，再翻地、灌水、覆塑料膜，可使地温升得更高，杀菌、杀虫效果更好。药剂消毒利用土壤消毒机或土壤注射器将熏蒸药剂如福尔马林等注入土壤，然后在土壤上覆盖塑料薄膜，杀死土壤中的病菌，再进行苗木定植。

第四节　苗木选择

选用优质壮苗建园是实现阳光玫瑰葡萄优质高效生产的关键。在自然环境及土壤条件可保证葡萄正常生长的前提下，选用阳光玫瑰自根苗，最有利于果实品质。对于多湿地区，建议采用SO4砧嫁接苗；对于防寒区，建议采用贝达、抗砧3号嫁接苗，但是对于盐碱黏土地，建议不要使用贝达砧；对于沙壤土，建议使用5BB、贝达、抗砧3号、夏黑嫁接苗或自根苗；对于黏土，建议使用5BB和抗砧3号的嫁接苗；从抗逆性出发，如根瘤蚜、线虫等，建议使用3309、5BB、抗砧3号和SO4的嫁接苗。由于阳光玫瑰葡萄幼苗生长存在不整齐现象，为了确保园区植株生长一致，可以使用2~3年生长势一致的大苗进行定植，定植后，在主干的同一高度进行平头修剪，再培养树形，保证树体生长一致，方便管理。

苗木质量按照 NY 469—2001 的规定执行（表3-5、表3-6）。

表3-5　自根苗质量标准

项目		级别		
		一级	二级	三级
品种纯度		≥98%		
根系	侧根数量	≥5	≥4	≥4
	侧根粗度（厘米）	≥0.3	≥0.2	≥0.2
	侧根长度（厘米）	≥20	≥15	≤15
	侧根分布	均匀、舒展		
枝干	成熟度	木质化		
	枝干高度（厘米）	20		
	枝干粗度（厘米）	≥0.8	≥0.6	≥0.5
根皮与枝皮		无新损伤		
芽眼数		≥5	≥5	≥5
病虫危害情况		无检疫对象		

表3-6　嫁接苗质量标准

项目			级别		
			一级	二级	三级
品种与砧木纯度			≥98%		
根系	侧根数量		≥5	≥4	≥4
	侧根粗度（厘米）		≥0.4	≥0.3	≥0.2
	侧根长度（厘米）		≥20		
	侧根分布		均匀、舒展		
枝干	成熟度		充分成熟		
	枝干高度（厘米）		≥30		
	接口高度（厘米）		10~15		
	粗度	硬枝嫁接（厘米）	≥0.8	≥0.6	≥0.5
		绿枝嫁接（厘米）	≥0.6	≥0.5	≥0.4
	嫁接愈合程度		愈合良好		
	根皮与枝皮		无新损伤		
	接穗品种芽眼数		≥5	≥5	≥3
	砧木萌蘖		完全清除		
	病虫危害情况		无检疫对象		

阳光玫瑰葡萄一级苗木见图 3-23 所示。

图 3-23　阳光玫瑰葡萄一级苗木

第五节　苗木定植

一、定植时期

　　阳光玫瑰葡萄苗木定植时期分春、秋两季，春季在气温上升到 10℃左右时（河南地区 2 月底至 3 月）定植，即土壤解冻后，越早越好，最晚定植时间不要超过发芽期。秋季定植在苗木停止生长的 11~12 月进行，定植后最好将枝干埋入土中，以免冬季受冻或枝条抽干。对于冬季较冷、易受冻害的地区，建议不要进行秋季定植。

二、苗木处理

　　定植前，先将苗木进行处理，包括淡肥水浸泡、药液浸泡和苗木修剪。
　　阳光玫瑰葡萄在冬季储藏过程中会失去部分水分，为了提高苗木成活率，可以在定植前用 1% 过磷酸钙水溶液对苗木进行浸泡（图3-24），这样可以促进苗木体内的生命活动，利于发芽生根。浸泡时间一般为12~24小时。

图3-24　苗木浸泡

为了杀死阳光玫瑰葡萄苗木所带的病菌虫卵，在苗木浸泡后，应对其进行药剂处理。可使用辛硫磷、多菌灵、石硫合剂等药剂，因为此时期苗木枝干处于休眠期，且刚浸泡过肥水，因此，所配置的杀菌剂浓度可以适当大些，50%多菌灵可湿性粉剂如100~200倍液、3~5波美度石硫合剂。

对于枝干和根系较长的苗木，定植前还要对其进行修剪。枝干修剪的原则是留2~3个饱满芽（图3-25），根系保留15~20厘米（图3-26）。

图3-25　苗木枝干留2~3个饱满芽修剪

图 3-26　苗木根系留 15~20 厘米修剪

三、苗木定植

　　根据不同架式和种植模式选择合适的株行距进行种植（株行距见第三章园区规划中的内容）。为了防止苗木不发芽或生长季节死亡造成空株现象，购买苗木的数量应比计划定植的数量多 5% 左右，多余的苗木最好先用无纺布袋种植起来，需要补苗的时候，将无纺布袋苗木提过去更换（图 3-27）。

图 3-27　无纺布袋种植苗木

　　种植阳光玫瑰葡萄苗木时，首先按照株行距画出定植点；然后以定植点为中心挖深 20 厘米左右、直径 30 厘米左右的定植穴（图 3-28），将苗木放在定植穴中心，使根系舒展均匀，根系附近土壤最好不要有肥料，以免烧根；接着逐层埋土，同时踏实，并用手轻轻向上提苗，使根系呈自然伸长状态，苗颈要高出地面3~4厘米，并略向上架方向倾斜。切记定植不要过深，以免影响葡萄生长，尤其是嫁接苗，不要将嫁接口埋入土中，最好让嫁接口露出地面5厘米左右。种植后当天及时灌水，促进成活，再封填踏实，平整后用黑色地膜覆盖，以增温、保湿，提高成活率。定植大苗时要立刻竖立竹竿绑缚主干，种植一年生小苗时可以在发芽后再竖立竹竿（图3-29、图3-30）。

图 3-28　挖定植穴

图 3-29　一年生苗木种植

图3-30　二年生及以上大苗种植

四、葡萄立架

与其他葡萄品种一样，阳光玫瑰葡萄属于藤本植物，必须搭架才能直立生长。立架主要由立杆、地锚和牵丝组成。

目前，生产上使用的葡萄园立杆以水泥柱为主（图3-31），也有镀锌钢管（包括圆钢管和方钢管）。在一行葡萄中，位于边缘的水泥柱（立柱）叫边柱；位于中间的水泥柱叫中柱（图3-32）。由于边株和中柱受力不同，因此两者采用的规格也不同。一般中柱为10厘米×10厘米或8厘米×10厘米，边柱为12厘米×12厘米或10厘米×12厘米。为了防止边柱受力内缩，常用地锚从外侧牵引或用立杆从内侧支撑。生产上常见边柱的埋设方式有直立埋设（图3-32）、倾斜埋设（图3-33）和双边柱3种类型。镀锌钢管的直径一般为4~5厘米，一般采用热镀锌，下端埋入土中50厘米左右，使用沙石、水泥做柱基。

图 3-31　葡萄园中的水泥柱立杆

图 3-32　葡萄园直立埋设的边柱和中柱（镀锌钢管做立杆）

图 3-33　倾斜边柱

　　地锚埋在每行葡萄两端，起固定、牵引作用。地锚一般由水泥、沙石、钢筋制作而成，规格可以根据葡萄行长度、受力大小灵活设计，一般长、宽各 40~50 厘米，厚度 10~15 厘米。葡萄常用的地锚有外侧牵引和内测支撑两种（图 3-34、图 3-35）。

图 3-34　外侧牵引的地锚

图 3-35　内侧支撑的地锚

　　为了避免生锈，阳光玫瑰葡萄园牵丝一般使用热镀锌丝或铝包钢丝。热镀锌丝韧性大，容易弯曲、变形，使用时间长了之后架面会松动；而铝包钢丝的硬度大，不容易弯曲、变形。另外，根据位置不同和受力不同，选用不同粗度的牵丝。在受力较大的位置，牵丝直径可选择 2.0~2.2 毫米，其他位置可以选用直径为 1.6 毫米的牵丝。

第四章　阳光玫瑰葡设施栽培

设施栽培作为提高果实品质和经济效益的重要模式，在葡萄生产中得到广泛应用。阳光玫瑰葡萄设施类型有多种，包括避雨棚、单栋大棚、连栋大棚、日光温室等，设施结构可简可繁，本章将逐一进行介绍。

葡萄设施栽培是指利用温室、塑料大棚和避雨棚等保护设施，改善或控制设施内的环境因子，为葡萄生长发育提供适宜的环境条件，进而达到葡萄生产目标的人工调节的栽培模式。葡萄设施栽培是依靠科技进步而形成的农业高新技术产业，是葡萄由传统栽培向现代化栽培发展的重要转折，是实现葡萄高产、优质、安全、高效的有效途径之一（程大伟等，2017）。常见的葡萄设施栽培类型有避雨栽培、单栋大棚栽培、连栋大棚栽培和日光温室栽培等。

第一节　避雨栽培

避雨栽培也叫打伞栽培，是通过用塑料薄膜覆盖葡萄叶幕不受雨淋，从而改变葡萄树的局部生态，以达到减少病虫害的发生、减少用药次数、提高浆果品质和安全性的目的。避雨栽培具有设施简单、防病效果明显、投入产出率高等特点。该模式的推广与应用使得年降水量大的南方地区开始大面积种植葡萄，有效地解决了高温、高湿带来的病害威胁。随着人们生活水平的提高，消费者对葡萄品质和安全性的要求逐渐提高，华北及环渤海年降水量在500毫米以上的种植区也开始大面积推广葡萄避雨栽培技术。

一、避雨棚的搭建

避雨棚由立柱、横梁、钢丝、弧形镀锌钢管或竹片、棚膜等组成，技术参数可参考图4-1。

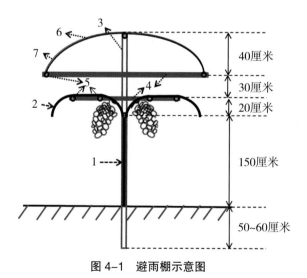

图4-1　避雨棚示意图

1. 葡萄树主干　2. 新梢　3. 立柱　4. 横梁　5. 钢丝　6. 弧形镀锌钢管　7. 避雨棚膜

立柱可以用钢管（直径4~5厘米）（图4-2）或水泥柱（10厘米×10厘米或10厘米×8厘米）（图4-3），长3米，垂直行距方向（东西向）每3米竖立1根，沿行距方向（南北向）每4米竖立1根，下端埋入土中0.6米，高出地面2.4米。可以通过调节立柱埋入土中的深度来使柱顶高低保持一致，从而使避雨棚高低一致。

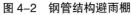

图4-2　钢管结构避雨棚

图4-3　水泥柱结构避雨棚

在立柱距地面1.4米处打孔，南北方向拉第一道10号（直径3毫米）热镀锌钢丝（或铝包钢丝），固定主蔓。

距地面1.7米处设横梁，横梁采用钢管（或三角铁），横梁长1.5米，以横梁的中点向两边每隔35厘米处打孔，共打4孔，拉4道12号（直径2.5毫米）钢丝。然后用热镀锌丝将每根立柱上横梁与钢丝缠绕固定即可。

立柱顶端向下3厘米处打孔，南北拉顶丝，并将顶丝固定在每根立柱顶端。

小区南北两侧的立柱顶端向下40厘米处两端东西向使用3.3厘米钢管连通（图4-2），中间立柱向下40厘米处东西向使用10号钢丝（直径3毫米）连通（图4-4），固定避雨棚两侧边丝。钢丝与钢管交叉处均用热镀锌丝连接。这样可将每个小区连为一体，有效地提高避雨棚骨架的抗风能力。

从立柱向上面第一道横梁两边各量取1.1米打孔，然后南北向拉避雨棚的边丝，边丝与相交的每根横梁用热镀锌丝固定。

图 4-4　避雨棚内部结构

拱片可以用弧形镀锌钢管、毛竹片、压制成形的镀塑铁管、铝包钢丝、纤维杆等材料。拱片长 2.5 米，中心点固定在中间顶丝上，两边固定在边丝上，每隔 0.6~0.8 米 1 片（图 4-5~ 图 4-8）。

图 4-5　镀塑铁管拱片

图 4-6　毛竹片拱片

图 4-7　铝包钢丝拱片　　　　　　　　图 4-8　纤维杆拱片

　　一般于萌芽前即可覆盖避雨棚膜，早覆膜可以起到一定的保温作用，也不会因为覆膜人员行走碰掉即将萌发或已经萌发的幼芽。棚膜宜选用透光性好的无滴膜，最好一年一换，采果后便可揭去棚膜。棚膜宽度根据避雨棚拱的长度而定，一般选用宽 2.6 米、厚 0.06 毫米（6 丝）的 PVC 无滴膜或 PO 膜等。

二、葡萄架式和株行距

　　避雨栽培条件下的阳光玫瑰葡萄可以采用高宽垂架、高宽平架和 V 形架式进行栽培，建议株距 1.5~2.0 米，行距 3.0 米，起垄栽培，以保证第二年结果。之后，可适当间伐植株，加大株距。

（一）高宽垂架的特点

　　高宽垂架示意图如图 4-1 所示，实景图如图 3-8 所示。

　　高宽垂架优点：①结果部位较高（1.5 米左右），离地面远，减轻病虫害的发生。②叶幕宽，后期发出的新梢可以下垂，增加叶面积。③新梢在架面上水平生长，减弱生长势，有利于花芽分化。④主蔓比架面低 20 厘米，方便新梢顺势绑蔓，同时叶片遮挡光照，减轻日灼发生。

　　高宽垂架缺点：枝条下垂，操作不便，通风环境差。

（二）高宽平架的特点

　　高宽平架示意图如图 4-9 所示，实景图如图 4-10 所示。

　　高宽平架优点：①果穗位置合理，省工省时。②行间耕作，操作方便。③“三带”（营养带、结果带、通风带）分明，通风透光好。④新梢长势缓和，优质生产。⑤枝蔓间有落差，便于顺势绑梢，遵循生长规律。⑥避免高温烧叶、烧果。

　　高宽平架缺点：绑蔓有些不方便，因长期操作踩踏，营养带土壤易板结。

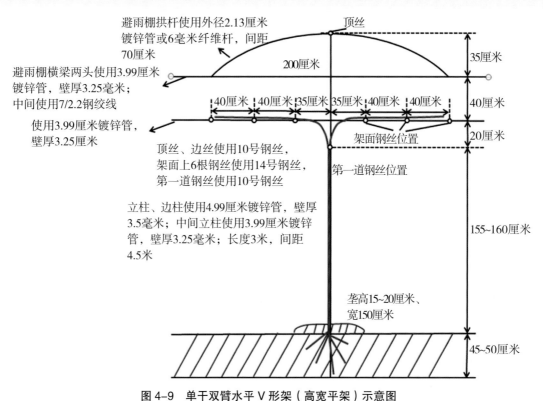

避雨棚拱杆使用外径2.13厘米镀锌管或6毫米纤维杆，间距70厘米

顶丝

200厘米

35厘米

避雨棚横梁两头使用3.99厘米镀锌管，壁厚3.25毫米；中间使用7/2.2钢绞线

40厘米 40厘米 35厘米 35厘米 40厘米 40厘米

40厘米

使用3.99厘米镀锌管，壁厚3.25毫米

架面钢丝位置

20厘米

顶丝、边丝使用10号钢丝，架面上6根钢丝使用14号钢丝，第一道钢丝使用10号钢丝

第一道钢丝位置

立柱、边柱使用4.99厘米镀锌管，壁厚3.5毫米；中间立柱使用3.99厘米镀锌管，壁厚3.25毫米；长度3米，间距4.5米

155~160厘米

垄高15~20厘米、宽150厘米

45~50厘米

图4-9 单干双臂水平 V 形架（高宽平架）示意图

图4-10 高宽平架实景图

（三）V 形架的特点

生产上常见的 V 形架有两种类型，即双十字 V 形结构（图 4-11、图 4-12）和三角形结构（图 4-13、图 4-14），该架形的主干高度为 80~100 厘米左右。

双十字 V 形结构有两个横梁，上、下横梁的长度分别为 1.4~2.0 米和 0.6~1.0 米，间距 40 厘米。三角形结构在立杆与葡萄主干等高处设定一个小孔，拉一道钢丝固定主蔓，每个斜杆上有 2~3 个小孔，再拉 2~3 道钢丝。避雨棚边丝在横梁两侧。从葡萄生长来看，横梁长度越大，新梢生长越缓和，越有利于花芽分化；而横梁较短时，更有利于工人田间作业。V 形架的树形培养同高宽垂架式，不同的是两者主干高度不同。

V 形架优点：①枝梢部位低，绑蔓、修剪易操作。②方便搭建避雨棚。

V 形架缺点：①结果部位低，比较费工。②通风环境稍差，果实易日烧。③枝条生长势旺，不利于结果。

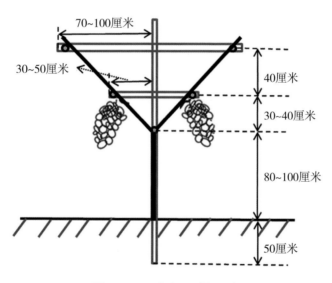

图 4-11　双十字 V 形架示意图

图 4-12 双十字 V 形架实景图

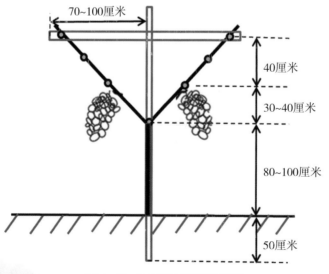

图 4-13 三角形 V 形架示意图

图 4-14　三角形 V 形架实景图

为了生产操作方便和缓和新梢长势，新梢叶幕可以呈弧形分布，如图 4-15 所示。

图 4-15　葡萄园改良架式

第二节　单栋大棚栽培

一、建棚

　　苗木定植当年开始建棚（图4-16）。采用钢架结构，一般棚宽8.0米，长度根据立地条件而定，以30~50米为宜；拱杆间距0.5~0.7米；两棚间隔2.0~2.5米为宜；内设1排或3排立柱支撑棚体，立柱间距为4~5米。肩高和中高直接影响大棚结构的强度、采光、保温、管理操作等性能。种植阳光玫瑰葡萄的大棚高度以4.0~5.0米为宜，肩高以2.0~3.0米为宜，虽然大棚高度的增加可使棚内温度变化趋于稳定，也有利于葡萄的生长发育和田间作业，但是大棚越高，抗风能力越下降，早春季节升温慢，热空气在上层；而大棚高度过低，棚面弧度小，冬季积雪不易下滑，容易造成超重、塌棚，同时夏季降温慢，易发生日灼。需要注意的是一般种植蔬菜、草莓的大棚不适宜种植葡萄，因为这些大棚肩高较低，而葡萄架面较高，因此靠近棚肩的空间无法生长葡萄枝蔓，从而造成大棚空间利用率低。另外，大棚过低不利于夏季降温，易发生高温日灼。

图4-16　单栋大棚

二、架式选择

单栋大棚栽培阳光玫瑰葡萄可采用 T 形棚架和厂字形棚架。T 形棚架根据棚的宽度在中间定植 1 行，株距 2.6~3.0 米，主干主蔓向两侧生长（图 4-17）。厂形棚架在棚两侧距离棚边 0.5 米处各种植 1 行，主蔓向棚中间生长，株距为 2.6~3.0 米（图 4-18）。为了方便春季顺势绑缚新梢，一般葡萄棚架的架面高度要比主蔓高度高 20 厘米左右，即主蔓高度若为 1.8 米，架面高度为 2.0 米左右。

图 4-17　单栋大棚 T 形棚架

图 4-18　单栋大棚厂形棚架

三、扣棚和揭膜

扣棚时间根据成熟时间来定。在河南郑州地区，覆膜一般在 1 月下旬至 2 月初进行，8 月上旬阳光玫瑰葡萄成熟，可提前成熟 15 天左右。棚膜建议选用 EVA 无滴防雾膜或 PO 膜，果实采收后即可揭膜；如果使用质量较好的棚膜，可以 3 年更换 1 次。为了提高保温效果，封棚后可以在树行搭建宽 2.0 米、高 1.5 米的小拱棚，促进地温提高（图 4-19、图 4-20）。

图 4-19　单栋大棚封棚保温

图 4-20　大棚内部树行两侧搭建小拱棚保温

四、打破休眠

扣棚后即可使用药剂打破休眠。一般情况下单栋大棚葡萄常因需冷量不足，会出现萌芽不整齐、萌芽率低等问题。通常采用破眠剂来打破休眠，提早萌芽，达到促早的目的。目前市场上常见的破眠剂有荣芽（50%单氰胺）、石灰氮、朵美滋、芽灵等。破眠剂使用浓度为50%单氰胺对水30倍液、石灰氮14%、朵美滋、芽灵以2.5%为宜。破眠剂处理的时间应以萌芽前30天左右为宜，在河南郑州地区于封棚后进行，可有效提高萌芽率，促使萌芽整齐。若使用过早，易受倒春寒和冻害的风险，过晚效果不明显。破眠处理方法采用小刷子或毛笔将药液涂抹在结果母枝的冬芽上，顶端1~2芽不涂抹（图4-21）。涂抹后及时灌水，增加湿度，促进药效的发挥。

图 4-21 刷子涂抹单氰胺

> **小提示**
>
> 使用破眠剂过程中要戴上口罩和手套，不要让药剂滴到皮肤上。

五、温度调控

在大棚进行温度控制时，应当将温度尽可能保持在适宜范围内，做到昼夜温差变化情况和自然栽培气温变化规律相符。

覆膜后至萌芽期，单栋大棚温度调控的原则是增温保湿，此时期应紧闭大棚，缓慢升温，使温度和地温协调一致。在河南郑州地区3月晴朗天气较多，白天温度高，但地温上升较慢，建议铺设地膜或覆草提高地温（图4-22），使气温和地温协调一致。一般白天温度控制在15~22℃，晚上控制在

7~10℃，超过 25℃时，及时将裙膜揭开通风，避免长时间高温，影响花芽分化。

图 4-22　树行覆草保温

萌芽后至开花前，温度调控的原则是恒定气温，提高地温，预防极端温度。一般白天温度控制在 20~25℃，夜间控制在 15~20℃，严防高温，造成枝条徒长和影响花序的正常生长。该阶段早期温度不稳定，需要时刻关注天气变化，做到及时打开风口、关闭风口，为开花奠定良好基础。

开花期前后，温度调控的原则是白天控制在 24~26℃，夜间控制在 15~20℃，白天温度不高于 28℃，晚间不低于 15℃。白天温度过高，影响授粉，应及时打开通风口降温。晚上温度过低，不利于柱头生长，影响坐果率，注意关闭通风口保温。此阶段内，勤调棚温，尽量缩短花期。开花坐果后，将白天温度控制在 25~28℃即可。

浆果膨大期至成熟期，大棚外温度开始回升，棚内白天温度上升较快。此时期白天温度应控制在 25~28℃，超过 28℃时及时进行通风降温。另外，浆果成熟期间夜间温度不宜过高，因为温度过高不利于果实糖分积累。

果实采收后，建议揭掉棚膜，让枝叶充分接受阳光照射，有利于养分积累和花芽分化。

小提示

大棚的放风口位置应设在大棚两侧的底部和肩部（图 4-23）。前期放风要通过肩部，使棚内温度下降，且冷空气侵入时有缓冲距离，不至于引起棚内温度剧烈波动。后期放风时，打开底部和肩部放风口，热空气从顶部散去，冷空气从底部进入，形成气流，降温速度快。

图 4-23　单栋大棚两侧底部与肩部放风口

六、湿度调控

从开始扣棚到萌芽期，空气相对湿度控制在 90% 左右，利于萌芽；新梢生长期，空气相对湿度控制在 70% 左右；开花期，空气相对湿度控制在 55% 以下，有利于坐果；从开花后至成熟期，将空气相对湿度控制在 60% 左右即可。

七、二氧化碳调控

单栋大棚栽培条件下，由于保温需要，常使阳光玫瑰葡萄处于密闭环境，通风换气受到限制，造成大棚内二氧化碳浓度过低，影响光合作用。研究表明，当设施内的二氧化碳浓度达到室外浓度（400 微克 / 克左右）的 3 倍时，光合速率会提高 2 倍以上，而且在弱光条件下的效果更明显。因此，在天气晴朗时，从 9 时开始，大棚内二氧化碳浓度明显低于大棚外，使葡萄处于饥饿状态，因此，增施二氧化碳对于大棚栽培的阳光玫瑰葡萄非常重要。

（一）二氧化碳施肥技术

1.**通风换气**　在通风降温的同时，使大棚内、外二氧化碳浓度达到平衡。

2.**化学反应法**　利用化学反应产生二氧化碳，操作简单。目前应用的方法有盐酸 – 石灰石法、硝酸 – 石灰石法和碳酸氢铵 – 硫酸法，其中，碳酸氢铵 – 硫酸法成本低，易掌握，在产生二氧化碳的同时，还能将不宜在大棚内直接施用的碳酸氢铵转化为比较稳定的可直接用作追肥的硫酸铵，是现在应用较广泛的一种方法，但该方法应用比较烦琐。

3.**增施有机肥**　目前，补充二氧化碳比较常用的方法是土壤增施有机肥，而且增施有机肥的同时还可以改良土壤、培肥地力。

4.二氧化碳生物发生器法　利用生物菌剂促进秸秆发酵释放二氧化碳气体，提高大棚内的二氧化碳浓度。该方法简单有效，不仅释放二氧化化碳，而且增加土壤有机质含量，并且提高地温。

具体操作方法：在行间挖宽30~50厘米、深30~50厘米、长度与树行长度相同的沟槽，然后将玉米秸、麦秸或杂草等填入，同时喷洒促进秸秆发酵的生物菌剂，最后在秸秆上面填埋10~20厘米厚的园土，园土填埋时注意两头及中间每隔2~3米留置一个宽20厘米左右的通气孔，为生物菌剂提供氧气，促进秸秆发酵发热。园土填埋完后，从两头通气孔灌透水。

> **小提示**　叶幕形成后开始进行二氧化碳施肥，一直到棚膜揭除后为止，一般在天气晴朗、温度适宜的条件下于日出后1~2小时开始施用，每天至少连续施用2~4小时，全天施用或单独上午施用，阴雨天不进行施用。

第三节　连栋大棚栽培

一、建棚

阳光玫瑰葡萄连栋大棚采用钢架或水泥柱结构，一般棚宽8.0米或6.0米（图4-24、图4-25），肩高3.0米，顶高5.0米。因北方冬季不揭去棚膜，所以降雪可能会导致压塌大棚，因此建议将8.0米宽的大棚分成两拱，每拱宽4.0米，这样拱的弧度较大，降雪很容易滑落，不会造成棚体压塌。棚长根据立地条件可调，以30~50米为宜，便于通风（图4-26、图4-27）。

8米

图4-24　8米宽连栋大棚

图 4-25　6 米宽连栋大棚

图 4-26　8 米宽连栋大棚分两跨外部结构

图 4-27 8米宽连栋大棚分两跨内部结构

二、架式选择

连栋大棚栽培可采用 T 形棚架或 H 形棚架（图 4-28、图 4-29）。根据棚宽，T 形棚架株行距采用（2.6~3.0）米 ×（6.0~8.0）米，南北行向，主蔓向东西两侧生长；H 形棚架株行距采用（4.0~6.0）米 ×6.0 米，南北行向，结果母蔓与行向平行。

图 4-28 连栋大棚 T 形棚架

主蔓或结果母蔓高 1.7 米左右，棚架比主蔓高 20 厘米，为 1.9 米左右，以便顺势绑缚结果新梢。

图 4-29　连栋大棚 H 形棚架

三、覆膜催芽

在河南郑州地区，覆膜封棚时间一般在 1 月下旬至 2 月初进行（图 4-30）。由于连栋大棚覆膜比较困难，因此生产上一般使用 0.1~0.12 毫米厚（10~12 丝）的薄膜，这样一次棚膜可以连续使用 3 年或以上时间。但不宜使用过厚的薄膜，因为随着使用时间的增加，薄膜的透光率逐渐降低，将会影响阳光玫瑰葡萄生长和花芽分化。

图 4-30　连栋大棚覆膜封棚保温

一般情况下，连栋大棚栽培的阳光玫瑰葡萄植株由于需冷量不足的问题，会造成萌芽推迟、发芽不整齐的现象，需要人为进行打破休眠。打破休眠使用的药剂和浓度与单栋大棚栽培相同。在河南郑州地区于1月中下旬进行涂抹，可以有效提高萌芽率，促使萌芽整齐。若使用过早，易受倒春寒和冻害的风险；过晚使用，效果不明显。破眠处理方法采用小刷子或毛笔将药液涂抹在冬芽上，顶端1~2芽不涂抹。

四、温、湿度调节

温、湿度的调节是连栋大棚栽培成功的关键。覆膜后缓慢升温，使气温和地温上升一致。在河南郑州地区，此时期温度变化无常，气温上升很快，地温上升慢，建议采用地膜覆盖或树盘覆草等方法提高地温（图4-31）。

图4-31　树行覆盖地布增湿保温

连栋大棚栽培的温、湿度调控原则如下：

（一）萌芽前后

白天温度控制在15~24℃，空气相对湿度控制在90%左右，有利于破眠剂发挥药效。

（二）萌芽至开花前

白天温度控制在 20~25℃，超过 25℃时要及时放风降温，空气相对湿度控制在 70% 左右，防止枝条徒长影响花序发育。

（三）开花前后

由于开花授粉对光照比较敏感，因此，白天尽量增加光照强度，温度控制在 22~26℃，空气相对湿度控制在 60% 左右，此时期是全年管理的关键时期，应该时刻关注棚内温度变化，及时通风，促进开花坐果。

（四）幼果期

白天温度控制在 25~28℃，晚上温度控制在 20~22℃，最好不要低于 20℃；空气相对湿度控制在 60% 左右，促进果实快速膨大。

（五）软化期

白天温度控制在 28~32℃，晚上温度控制在 14~16℃，温差控制在 10℃以上，有利于糖分积累。当外界温度稳定在 20℃左右时，揭开顶部通风口和四周通风口，不再关闭。若遇到降水，应及时关闭顶部通风口，尽量不要让雨水淋到树体，防止病虫害发生。

第五章 阳光玫瑰葡萄枝蔓管理

枝蔓管理是培养阳光玫瑰葡萄高光效树形和调整树体生长平衡的关键，枝蔓管理的目的是充分利用光照资源，调整树体营养生长与生殖生长的平衡，达到提高果实品质的目的。

第一节　葡萄枝蔓的组成

葡萄属藤本植物，其枝条通常叫枝蔓，包括主干、主蔓、侧蔓、结果母枝、新梢（包括结果枝和营养枝）、副梢、延长枝等（图5-1），下面介绍一下不同部位枝蔓的定义。

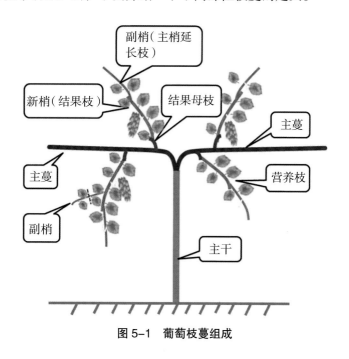

图 5-1　葡萄枝蔓组成

一、主干

从植株基部（地面）至茎干上分枝处的树干，支撑树冠的中心。一条龙树形的主干即是主蔓。如果植株从地面发出的枝蔓多于1个，习惯上均称之为主蔓，栽培上则称为无主干多主蔓树形。

二、主蔓

着生在主干上的一级分枝，着生结果母枝或新梢的枝。

三、侧蔓

主蔓上的分枝。侧蔓上的分枝称副侧蔓。主蔓、侧蔓、副侧蔓组成植株的骨干枝（注：T形树形没有侧蔓，H形树形侧蔓为结果母蔓）。

四、新梢

各级骨干枝、结果母枝、预备枝上的芽萌发抽生的新生蔓，在落叶前均称为新梢。带有花序的新梢为结果枝，不带花序的新梢为营养枝或预备枝。

五、副梢

新梢叶腋处的夏芽或冬芽萌发长成的新梢。

六、结果枝组

由结果枝、预备枝（营养枝）和结果型的预备枝（既结果又作预备枝）组成的一组枝条，是葡萄枝蔓的重要组成成分，也是获得产量的主要来源。

七、一年生枝

新梢自当年秋季落叶后至翌年春季萌芽前称为一年生枝。

八、结果母枝

成熟后的一年生枝叫结果母枝，其上的芽眼能在翌年春季抽生结果枝。结果母枝可着生在主蔓、各级侧蔓或多年生枝上。

九、节

新梢上着生叶片的部位，节部稍膨大，节上着生芽和叶片，节内有横隔膜。葡萄的节有储藏养分和加强枝条牢固性的作用。两个节之间为节间，节间长短与品种和树势有关。节上叶片对面着生卷须或花序。

第二节 树形培养

一、高宽垂架

高宽垂架适合避雨栽培（图5-2）和露地栽培（图5-3），避雨栽培立柱上有两个横梁，下面一个横梁上拉葡萄架钢丝，上面横梁上拉避雨棚钢丝；露地栽培仅需要一个横梁，上面拉葡萄架钢丝。

两种栽培模式下的葡萄株行距均为（1.5~2.0）米×3.0米。萌芽后，选留1个健壮的新梢作为主干培养向上生长，其余新梢留2片叶摘心，作为预备枝和营养叶。作为主干培养的新梢上发出的副梢留1片叶摘心，待主干新梢长到第一道南北向主蔓钢丝处（1.5米左右）时进行摘心，摘心处下面2个副梢不摘心，作为主蔓培养上架沿钢丝分别向南、北方向生长（图5-4）。

主蔓上架后，保留所有主蔓副梢，待主蔓副梢长到第五片叶展开时及时从第四片叶处摘心，促进主蔓向前生长，同时促使主蔓副梢上的营养集中积累到基部冬芽上，促使冬芽花芽分化，培养

图5-2 避雨栽培模式下的高宽垂架

图 5-3　露地栽培模式下的高宽垂架

第二年的结果母枝（图 5-5）。之后保留顶端副梢向前生长，待顶端副梢长出 4 片叶左右时留 2~3 片叶摘心，之后顶端副梢留 2~3 片叶反复摘心。顶端副梢以下的所有副梢分批次全部抹除或留 1 片叶绝后摘心，增加冬芽的营养积累。待相邻两株植株主蔓交接 20 厘米左右时同时摘心，促进主蔓副梢生长。

图 5-4　主蔓上架分别向南、北方向生长

图 5-5　主蔓副梢摘心

定植当年冬剪时，主蔓上的结果母枝全部保留 1~2 芽进行短梢修剪（图 5-6）。

图 5-6　高宽垂架式冬季修剪后

二、V 形架

V 形架适合避雨栽培和露地栽培。

株行距为（1.5~2.0）米 ×3.0米，其树形培养与高宽垂架的树形培养相似，不同之处是两种树形的主干高度不同，V形架的主干高度为0.8~1.0米。

三、高宽平架

高宽平架适合避雨栽培和露地栽培。

株行距为（1.5~2.0）米 ×3.0米，其树形培养与高宽垂架的树形培养相似，不同之处是高宽平架的主干高度为1.5~1.6米。

四、T形棚架

T形棚架适合单栋大棚栽培和连栋大棚栽培。

株行距为（2.6~3.0）米 ×（6.0~8.0）米。萌芽后，选留1个健壮的新梢作为主干培养向上生长，其余新梢留2片叶摘心，作为预备枝和营养叶。作为主干培养的新梢上发出的副梢留1片叶摘心，待主干新梢长到主蔓钢丝处（1.7米左右）时进行摘心，摘心处下面2个副梢不摘心，作为主蔓上架沿钢丝分别向东、西方向生长（图5-7）。

图5-7　T形树形主蔓上架

主蔓上架后，保留所有主蔓副梢，待主蔓副梢长到第五片叶展开时及时从第四片叶处摘心，促进主蔓向前生长，同时使营养集中积累到基部副梢的冬芽上，促使冬芽花芽分化，培养第二年的结果母枝（图5-8）。另外，对于长势弱的副梢可以暂时先不摘心，达到抑强促弱、促使所有副梢长势一致的目的。之后，保留顶端副梢向前生长，待顶端副梢长到4片叶左右时留2~3片叶摘心，之后留2~3片叶反复摘心。顶端副梢以下的所有副梢分批次全部抹除或留1叶绝后摘心。在北方冬季易受冻害的地区，为了促进主蔓枝条和主蔓副梢基部的芽成熟，防止冬季受到冻害，建议每当主蔓长1米长度时，对主蔓进行一次摘心，促进摘心位置后面的枝蔓成熟，同时保留摘心处叶片的副梢沿主蔓方向向前生长。

　　定植当年冬剪时，主蔓上的结果母枝全部保留1~2芽进行短梢修剪（图5-9、图5-10）。如果主蔓上不留芽修剪，由于顶端优势问题，主蔓两端的芽先萌发，靠近主干的芽会萌发不整齐或者不萌发造成架面空缺，因此，第二年发芽前最好将主蔓解开，让两端自然下垂（图5-11），这样顶端优势将转移到主蔓基部位置高处，待此处冬芽萌发后，分批次小心地将主蔓绑缚到钢丝上，切记不要将已经萌发的芽碰掉。

图5-8　T形树形主蔓副梢的培养

图 5-9　T 形树形冬季修剪前

图 5-10　T 形树形冬季修剪后

图 5-11　T 形树形第二年春季主蔓下放

五、H 形棚架

H 形棚架适合单栋大棚栽培和连栋大棚栽培。

株行距为（4.0~6.0）米 ×6.0 米。萌芽后，选留 1 个生长健壮的新梢作为主干培养向上生长，其余新梢留 2 片叶摘心，作为预备枝和营养叶。作为主干培养的新梢上发出的副梢留 1 片叶摘心，待主干新梢长到主蔓钢丝处（1.7 米左右）时进行摘心，摘心处下面两个副梢不摘心，作为主蔓上架沿钢丝分别向东、西方向生长。

主蔓上架后，保留主蔓上的所有副梢留 1 片叶摘心，促进主蔓向前生长，待主蔓长到 1.5 米左右南北向侧蔓钢丝处时对主蔓进行摘心，主蔓摘心处后面的两个副梢不摘心，作为侧蔓沿钢丝分别向南、北方向生长（图 5-12）。

保留侧蔓上的所有副梢，待侧蔓副梢长出第五片叶时及时从第四片叶处摘心，促进侧蔓向前生长，同时使营养集中积累到侧蔓副梢第一至第二节位冬芽上，促使冬芽花芽分化，培养第二年的结果母枝（图 5-13）。另外，对于长势弱的副梢可以暂时先不摘心，达到抑强促弱、促使所有副梢长势一致的目的。之后，保留顶端副梢向前生长，待顶端副梢长出 4 片叶左右时留 2~3 片摘心，之后反复。侧蔓副梢上的顶端副梢以下的所有副梢分批次全部抹除或留 1 片叶后摘心。

定植当年冬季修剪时，侧蔓上的结果母枝全部保留 1~2 芽进行短梢修剪。

图 5-12　H 形树形主蔓培养

图 5-13　H 形树形主蔓与侧蔓培养

六、厂形棚架

厂形棚架适合单栋大棚栽培和日光温室栽培。

单栋大棚厂形棚架的株行距为（2.6~3.0）米 ×7.0 米，南北行向。日光温室厂形棚架的株距为（2.6~3.0）米，每栋在温室南侧距离边缘 0.5 米位置种植一行，东西行向。

单栋大棚厂字形树形培养如下：萌芽后，选留 1 个健壮的新梢作为主蔓培养向上延伸生长，在 1.0 米处攀爬于倾斜向上的架面上，形成独龙干。主蔓上 1.0 米以下副梢全部抹除或留 1 片叶摘心，1.0 米以上的副梢全部保留，分别向南、北方向生长，待副梢长到第五片叶展开时及时从第四片叶处摘心，促进主蔓向前生长，同时使营养集中积累到基部副梢的冬芽上，促使冬芽花芽分化，培养第二年的结果母枝。之后，保留顶端副梢向前生长，待顶端副梢长到 4 片叶左右时留 2~3 片叶摘心，之后留 2~3 片叶反复摘心。顶端副梢以下的所有副梢分批次全部抹除或留 1 片叶后摘心。

日光温室厂形树形培养与单栋大棚厂字形树形培养相似，不同之处是其主蔓生长方向为从南向北（图 5-14）。

图 5-14　日光温室厂形棚架树体培养

另外，在北方冬季易受冻害的地区，为了促进主蔓枝条和主蔓副梢基部的芽成熟，避免冬季受到冻害，建议每当主蔓至长 1 米长度时，对主蔓进行一次摘心，促进摘心位置后面的枝蔓成熟，同时保留摘心处叶片的副梢沿主蔓方向向前生长。

厂形树形定植当年冬季修剪时，主蔓上的结果母枝全部保留 1~2 芽进行短梢修剪（图 5-15、图 5-16）。

图 5-15　单栋大棚厂形棚架冬季修剪后

图 5-16　日光温室厂形棚架冬季修剪后

第三节　生长季修剪

生长季修剪又叫夏季修剪，指葡萄萌芽后至落叶前的整个生长期内所进行的修剪，夏季修剪的目的是：①调节树体养分分配，确定合理的新梢量与果穗负载量。②使养分能够充足供应果实，平衡营养生长与生殖生长。③既能促进开花坐果、提高果实的品质和产量，又能培育充实健壮、花芽分化良好的枝蔓。④调控新梢生长保持合理的叶幕结构和植株通风透光。⑤使植株便于田间管理与病虫害防治。

阳光玫瑰葡萄生长季修剪包括抹芽、定梢、绑蔓、去卷须、摘心等。

一、抹芽

（一）抹芽时间

根据当地萌芽的时间，一般在萌芽后 10~15 天分次进行。

（二）方法

第一次抹芽在芽长至 3~5 厘米左右能看到花序时进行（图 5-17），保留健壮芽及着生位置好的芽，抹去无用的芽，如单个芽眼萌发的副芽和主蔓基部萌发的萌蘖。间隔 10 天后进行第二次抹芽，主要抹去第一次多留的芽、后萌发的芽、位置不好的芽、无用芽及主干上萌发的芽，对于有利用价值的弱芽应尽量保留，如主蔓有缺位的部分尽量留芽（无论强弱）。调整每米主蔓留芽 10~14 个，均匀分布在架面上。

二、定梢

继抹芽之后，确定架面新梢数量及调整负载量的技术措施。

（一）定梢时间

一般在新梢长至 15 厘米左右，花穗出现并能分辨出花穗质量时进行（图 5-18），抹除多余的枝，如过密枝、细弱枝、地面枝和外围无花枝等。

一个结果母枝保留 1~2 个新梢。定梢数量应由枝条生长势强弱和花穗质量决定。一般一个结果母枝只保留 1 个新梢，即有花序的健壮新梢，最多不超过 3 个，除去过密梢和细弱梢，同时需要注意选留的枝条要生长基本整齐一致，以便于后期管理。最后使新梢间距单侧 20 厘米左右，即每

图 5-17 第一次抹芽时期

图 5-18 定梢时期

米主蔓留梢 10 个左右。如相邻结果新梢有缺位时，可保留 2 个新梢。另外，根据枝条生长势强弱来决定定枝数量，一般生长势强、花穗发育充分、穗形较大的枝条要适当少留新梢，而生长势中庸或较弱、花穗发育一般、穗形较小的枝条要多留，并在留枝的时候，将分化不好的小型花穗去除，即在植株主干附近或结果枝组基部保留一定比例的营养枝，以培养翌年的结果母枝，同时保证当年葡萄负载量所需要的光合面积。在土壤贫瘠或生长势弱的情况下，每亩留梢量 3 000~3 500 条为宜。

三、摘心

葡萄开花期是营养生长向生殖生长的营养转化期。在此期间，营养生长与生殖生长并存，由于树体储藏的营养有限，加上新梢上功能叶片少，满足不了自身枝叶生长的需求，而开花坐果又需要大量的营养，因此，需要通过主梢摘心，控制新梢生长，使养分集中供给花序，保证开花结果，提高坐果率。

（一）主梢摘心

开花前 1 周左右，即花序上面出现第四至第五片叶时进行（图 5-19）。在花序以上 3~4 片叶处进行摘心，也有从花序上第二片叶处摘心的做法，或者在新梢长到第一道钢丝后，沿第一道钢丝进行统一剪截（图 5-20）。

图 5-19　第一次摘心

图 5-20　沿第一道钢丝处进行主梢摘心

（二）副梢摘心

主梢摘心后，葡萄枝条顶端生长受阻，叶腋副梢迅速生长，造成架面郁闭，影响通风透光，因此，需要对副梢进行摘心。新梢顶部副梢（结果枝延长梢）保留，待其长出 4~5 片叶时，留 2~3 片叶进行反复摘心，或者坐果后，结果枝延长梢无须再摘心，可以引缚延长梢向下垂直生长，改善架面透光条件，减少管理工作量。

为了减少管理工作量，可以将新梢顶部叶片以下的副梢全部抹除（图 5-21）。对于非平棚架，可将果穗对面及上面叶片的副梢留 1~2 片叶摘心，其他位置叶片的副梢全部抹除，阻挡果穗接收的光照强度，降低幼果期的日灼和成熟期的果锈发生（图 5-22）。也可以将果穗以下叶片的副梢全部抹去，果穗对面及以上叶片的副梢留 1~2 片叶后摘心。

图 5-21　结果新梢叶片的副梢全部抹除

图 5-22　结果新梢的副梢摘心

（花序对面及其上面叶片留 1~2 片叶摘心，其他位置叶片的副梢全部抹除）

四、去卷须

卷须是花穗的同源器官，同时也是葡萄借以攀援的器官。在生产栽培中，卷须对葡萄生长发育作用不大，反而会消耗营养，相互缠绕枝条，给枝蔓管理带来不便，因此，应该及时剪除（图5-23）。

图5-23　去卷须

五、枝条绑缚

枝条绑缚是对葡萄枝蔓进行固定和定位。利用绑蔓器（图5-24、图5-25）或绑扎丝（图5-26）或尼龙线夹（图5-27）缠绕固定的方法进行绑蔓，通过引缚，合理调整枝蔓角度，使枝条在架面上的新梢分布均匀、通风透光良好、叶果比适当，最终达到充分利用阳光，促进枝条发育的目的。

阳光玫瑰葡萄新梢基部较脆，在外力作用下（如风、触碰）极容易掉落，因此，绑缚新梢时间需推迟，可于新梢基部半木质化后进行，即新梢基部坐稳后进行。另外，绑缚前可以先进行扭梢，再绑缚。

图 5-24　绑蔓器

图 5-25　绑蔓器绑缚枝条

图 5-26　绑扎丝绑缚枝条

图 5-27　尼龙线夹绑缚新梢

六、扭梢

待新梢基部半木质化后，在新梢基部进行扭梢可以显著抑制新梢旺长。在绑梢前对生长方向不好的新梢进行扭梢以利于绑缚，也可以起到减少因绑梢用力过大造成的新梢扭断现象。开花前进行扭梢，可显著提高葡萄坐果率；幼果发育期进行扭梢可促进果实成熟和改善果实品质及促进花芽分化。

扭梢的方法是一只手捏住新梢基部不动，另一只手捏住新梢第二至第三片叶处的新梢位置向外或向内轻轻扭动，当听到新梢因扭伤而发出"咯噔"一声时，即完成扭梢。

七、环剥或环割

环剥或环割的作用是在短期内阻止环割部位上部叶片合成的光合产物向下运输，从而使养分在环剥或环割以上的器官储藏。环剥或环割有多种生理效应，花前1周进行环剥或环割能够提高坐果率，软化期进行环剥或环割能够提早果实成熟。根据环剥或环割的部位不同可以将其分为主干环剥或环割、结果枝环剥或环割、结果母枝环剥或环割。环剥宽度一般为3~5毫米，不伤木质部（图5-28、图5-29）；环割一般连续4~6道，深达木质部。

图5-28　葡萄枝干环剥前

图5-29　葡萄枝干环剥后

第四节　冬季修剪

冬季修剪保留的结果母枝上的芽眼数称为冬剪留芽量。冬剪结果母枝留芽量的多少与架式、树形、树龄和长势有直接关系。留芽量多少直接影响葡萄树的生长和结果。

阳光玫瑰葡萄的最佳冬季修剪时期是在落叶后进行。修剪过早营养积累不够，易造成冻害；修剪过晚，易造成冻害和伤流。以每年12月至第二年1月底为宜，建议年前修剪结束。对于一年生植株的修剪，以短梢修剪为主；对于粗度在8毫米以下的结果母枝可以从基部修剪，通过刻芽或者涂抹单氰胺等方法促使主蔓上的冬芽萌发新梢。对于两年生及以上的多年生植株，以1~2芽短梢修剪为主，4~6

芽中梢修剪为辅（图5-30、图5-31）。

在树形结构相对稳定的情况下，每年冬季修剪的主要对象是一年生枝。修剪的主要工作是疏掉一部分枝条和短截一部分枝条。单株或单位土地面积（每亩）在冬剪后保留的芽眼数被称为单株芽眼负载量或单位面积芽眼负载量。适宜的芽眼负载量是保证翌年适量的新梢数和花序、果穗数的基础。冬剪留芽量的多少主要决定因素是产量的控制标准。我国多数葡萄园在冬季修剪时留芽量偏大，这是造成高产低质的主要原因。对于阳光玫瑰葡萄植株，冬季修剪时，每1米架面留结果母枝10个，两侧各5个。按照行距3米计算，每亩有220米架面长度，即每亩留结果母枝2 200个，留芽4 400个。另外，随着树龄的增加，结果枝常常出现缺位现象，如出现结果枝缺位，需在附近选择顺势的优质结果母枝进行中梢修剪，然后压条补充，确保冬芽均匀分布，无空缺（图5-31）。

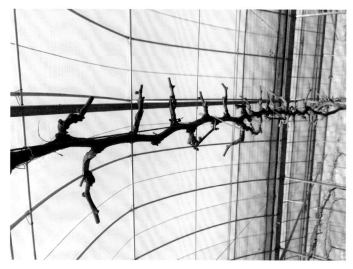

图5-30　阳光玫瑰葡萄留1~2芽短梢修剪

图5-31　阳光玫瑰葡萄留4芽中梢修剪压条补充空缺

阳光玫瑰葡萄冬季修剪的步骤可以归纳为一"看"、二"疏"、三"截"、四"查"。①看即修剪前的调查分析。即看树形、看架式，看树势，看与相邻植株之间的关系，以便初步确定植株的负载能力，再确定修剪量的标准。②疏指疏去病虫枝、细弱枝、枯枝、过密枝、需局部更新的衰弱主侧蔓以及无利用价值的萌蘖枝。③截指根据修剪量标准，确定适当的母枝留量，对一年生枝进行短截。④查指经过修剪后，检查一下是否有漏剪、错剪，因而称为复查补剪。

总之，看是前提，做到心中有数，防止无目的动手就剪。疏是纲领，应根据看的结果疏出个轮廓。截是加工，决定每个枝条的留芽量。查是查错补漏，是结尾。

在修剪操作中，应当注意以下事项：①剪截一年生枝时，剪口宜高出枝条节部2厘米以上，剪口向芽的对面略倾，以保证剪口芽正常萌发和生长，或在留芽上部芽眼中间进行短截，为破芽修剪。②疏枝时，剪口或锯口剪得不要太靠近母枝，以免伤口向里干枯而影响母枝养分的输导。③去除老蔓时，锯口应削平，以利于愈合。不同年份的修剪伤口，尽量留在主蔓的同一侧，避免造成对口伤。

葡萄主要有以下修剪方法。

一、短截

指将一年生枝剪去一段、留下一段的剪枝方法，是阳光玫瑰葡萄冬季修剪的最主要手法，根据剪留长度的不同，分为极短梢修剪（留1芽或仅留隐芽）（图5-32）、短梢修剪（留2~3芽）、中梢修剪（留4~6芽）（图5-31）、长梢修剪（留7~11芽）（图5-33）和极长梢修剪（留12芽以上）等修剪方式。

图5-32　葡萄留1芽极短梢修剪

图 5-33　阳光玫瑰葡萄长梢修剪

二、疏剪

把整个枝蔓（包括一年生和多年生枝蔓）从基部剪除的修剪方法（图 5-34）。疏剪的枝主要包括病虫枝、细弱枝、密集枝、枯枝、萌蘖枝等。疏剪具有如下作用：疏去过密枝，改善光照和营养物质的分配；疏去老弱枝，留下新壮枝，以保持生长优势；疏去过强的徒长枝，留下中庸健壮枝以均衡树势；疏除病虫枝，防止病虫害的危害和蔓延。

图 5-34　阳光玫瑰葡萄疏剪

三、缩剪

把二年生以上的枝蔓剪去一段留一段的剪枝方称为缩剪（图5-35）。主要作用：更新复壮树势。剪去前一段老枝，留下后面新枝，使其处于优势部位，让树体始终保持"年轻状态"；另外，防止结果部位的外移，具有疏除密枝、改善光照作用，如缩剪大枝尚有均衡树势的作用。

图5-35 阳光玫瑰葡萄缩剪

四、枝蔓更新

（一）结果母枝的更新

目的是避免结果部位逐年上升外移和造成下部光秃，一般采用双枝更新和单枝更新2种方法。

1. **双枝更新** 2个结果母枝组成一个枝组，修剪时上部母枝长留，基部母枝留2芽短剪作为预备枝。预备枝在翌年冬季修剪时，上枝留作新的结果母枝，下一枝再进行留2芽短剪，使其形成新的预备枝；原结果母枝于当年冬剪时被回缩掉，以后逐年采用这种方法依次进行。双枝更新要注意预备枝和结果母枝的选留，结果母枝一定要选留那些发育健壮、充实的枝条，而预备枝应处于结果母枝下部，以免结果部位外移（图5-36）。

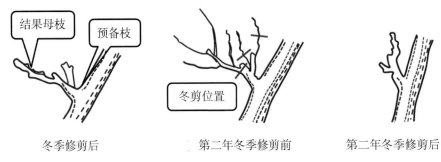

| 冬季修剪后 | 第二年冬季修剪前 | 第二年冬季修剪后 |

图5-36 阳光玫瑰葡萄双枝更新示意图

2. 单枝更新 只对一个结果母枝进行修剪。冬季修剪时对结果母枝留2芽进行修剪，第二年萌芽后，选留长势较好的2个新梢，上面的新梢用于结果，下面的新梢作为预备枝培养成下一年的结果母枝，冬季修剪时将上面结果的新梢疏除，下面的新梢作为结果母枝留2芽修剪。以后每年按照此方法进行修剪（图5-37）。

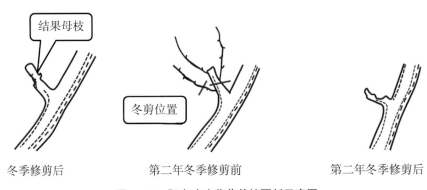

| 冬季修剪后 | 第二年冬季修剪前 | 第二年冬季修剪后 |

图5-37 阳光玫瑰葡萄单枝更新示意图

（二）多年生枝蔓的更新

经过多年修剪，多年生枝蔓上的疙瘩、伤疤增多，影响输导组织的畅通；另外对于过分轻剪的葡萄园，下部出现光秃，结果部位外移，造成新梢细弱，果穗果粒变小，产量及品质下降，遇到这种情况就需对一些大的主蔓或侧枝进行更新。

1. 小更新 对侧蔓的更新称为小更新。一般在肥水管理差的情况下，侧蔓4~5年需要更新一次，一般采用回缩修剪的方法。

2. 大更新 凡是从基部除去主蔓进行更新的称为大更新。在大更新以前，必须积极培养从地表发出的萌蘖或从主蔓基部发出的新枝，使其成为新蔓，当新蔓足以代替老蔓时，可将老蔓除去。

第六章　阳光玫瑰葡萄土肥水管理

　　土肥水管理是阳光玫瑰葡萄生产的基础。创造适宜阳光玫瑰葡萄根系生长的土壤环境，为根系供应树体和果实生长所需要营养和水分，调整根系生长与地上部生长的平衡，是阳光玫瑰葡萄土肥水管理的关键。

第一节 土壤管理

阳光玫瑰葡萄园的土壤管理，应遵守 NY/T 391—2013《绿色食品 产地环境质量》的规定。在定植沟土壤改良的基础上，每年继续施有机肥，扩沟改良土壤，同时对行间土壤也要加强管理。葡萄园土壤管理的方法、土壤管理水平的高低与土壤养分含量和养分供应密切相关，从而影响阳光玫瑰葡萄树体的生长和结果。土壤中有毒有害物质影响果实的食用安全性。所以，良好的土壤管理是进行葡萄绿色生产的前提，也是保护环境、实现可持续发展的基础。

一、土壤改良

土壤改良是针对土壤的不良性状和障碍因素，采取相应的物理或化学方法，改善土壤性状，提高土壤肥力，增加阳光玫瑰葡萄产量及改善人类生存土壤环境的过程。

土壤是阳光玫瑰葡萄树体生存的基础，葡萄园土壤的理化性质和肥力水平等因素影响着葡萄的生长发育及果实的产量和品质。土壤瘠薄、漏肥漏水严重、有机质含量低、土壤盐碱或酸化、养分供应能力低等是我国葡萄稳产优质栽培的主要障碍，因此，持续不断地改良和培肥土壤是我国葡萄园稳产优质栽培的前提和基础。

土壤的水、肥、气、热等肥力因素的发挥受土壤物理性状、化学性质及生物学性质的共同影响，从而在土壤改良过程中可以选择物理、化学及生物学的方法对土壤进行综合改良。

1. **物理改良** 采取相应的农业、水利等措施，改善土壤性状，提高土壤肥力的过程。具体措施：适时耕作，增施有机肥，改良贫瘠土壤；客土、漫沙、漫淤等，改良过沙、过黏土壤；平整土地；设立灌、排渠系，排水洗盐等，改良盐碱土壤。

2. **化学改良** 用化学改良剂改变土壤酸性或碱性的措施。常用化学改良剂有石灰、石膏、磷石膏、氯化钙、硫酸亚铁和腐殖酸钙等，具体使用哪种改良剂要根据土壤的性质而择用。碱性土壤要选用石膏、磷石膏等以钙离子交换出土壤胶体表面的钠离子，降低土壤的 pH；酸性土壤要选用石灰性物质。化学改良必须结合水利、农业等措施，才能取得更好的效果。

3. **生物改良** 即用各种生物途径（如种植绿肥、果园生草）增加土壤有机质含量以提高土壤肥力，或营造防护林，设立沙障，固定流沙，改良风沙土等。

葡萄为多年生树种，因而贫瘠土壤区最值得推崇的土壤改良方法是建园时的合理规划，包括开挖 0.5米深、1.5~2.0 米宽的定植沟，将秸秆、家畜粪肥、绿肥、过磷酸钙等与园土混匀后填入沟内，为根系生长创造良好的基础条件。之后在葡萄生长发育过程中，每年坚持在树干两侧开挖宽 30 厘米左右、深

30~40厘米的施肥沟，或通过施肥机将有机肥均匀地施入土壤，从而促进新根的大量发生，增强葡萄根系的吸收功能，为阳光玫瑰葡萄的优质生产创造条件。

二、土壤耕作

土壤耕作制度主要有以下几种方式：清耕法、生草法、覆盖法、果园间作法、免耕法和生草法等。目前运用最多的是清耕法、生草法和覆盖法。在具体生产中应根据不同地区的土壤特点、气候条件、劳动力情况和经济实力等因素因地制宜地灵活运用不同的土壤耕作方法，以在保证土壤可持续利用的基础上最大限度地取得好的经济效益。

（一）清耕法

即在生长季内多次浅清耕，松土除草（图6-1），一般灌溉后或杂草长到一定高度时进行也叫中耕（图6-2）。该方法是目前最为常用的葡萄园土壤管理制度。在少雨地区，春季清耕有利于地温回升，秋季清耕有利于阳光玫瑰葡萄利用地面散射的光和辐射热，提高果实糖度和品质。清耕葡萄园内不种植作物，一般在生长季节进行多次中耕，秋季深耕，保持表土疏松无杂草，同时，可加大耕层厚度（图6-3）。清耕法可有效地促进微生物繁殖和有机物氧化分解，显著改善和增加土壤中的有机态氮素。但

图6-1　春季清耕

如果长期采用清耕法，在有机肥施用不足的情况下，土壤中的有机物会迅速减少。清耕法还会使土壤结构遭到破坏，在雨量较多的地区或降水较为集中的季节，容易造成水土流失。

图 6-2　生长季节中耕

图 6-3　秋季深耕

（二）覆盖法

是目前果园使用的一种较为先进的土壤管理方法，适用于在干旱和土壤较为瘠薄的地区使用，有利于保持土壤水分和提高土壤有机质含量。葡萄园常用的覆盖材料有地膜（图6-4）、地布（图6-5）、稻壳（图6-6）、稻草（图4-22）、麦秸、玉米秸、麦糠等。覆盖法可以减少土壤水分蒸发和增加土壤有机质含量。覆盖作物秸秆需要避开早春地温回升期，以利于提高地温。

覆盖应在灌水或雨后进行。为防止风吹和火灾，可在草上压些土。覆草多少根据土质和草量决定，一般每亩覆干草1 500~2 000千克，厚度15~20厘米，上面压少量土，连覆3~4年后浅翻1次，浅翻结合秋施基肥进行。

图6-4　覆盖地膜

图6-5　覆盖地布

图 6-6　覆盖稻壳

葡萄园覆盖法的优点：①保持土壤水分，防止水土流失。②提高土壤有机质含量。③改善土壤表层环境，促进树体生长。④提高果实品质。⑤浆果生长期内采用果园覆盖措施可以使水分供应均衡，防止因土壤水分剧烈变化而引起裂果。⑥减轻浆果日灼病。覆盖法的缺点：①葡萄树盘上覆草后不易灌水。②由于覆草后果园的杂物包括残枝落叶、病烂果等不易清理，为病虫提供了躲避场所，增加了病虫来源，因此，在病虫防治时，要对树上树下细致喷药，以防加剧病虫危害。③覆盖后地面温度高、透气性好，造成根系上浮（图6-7）。

图 6-7　覆盖地布造成葡萄根系上浮到地面

（三）果园间作法

果园间作一般在距葡萄定植沟埂 50 厘米外进行，以免影响葡萄的正常发育生长。间作物以矮秆、生长期短的作物为主，如花生、豆类、中草药、葱蒜类（图 6-8）、花生（图 6-9）、豆类（图 6-10）、中草药、食用菌等。

图 6-8　葡萄与大蒜间作

图 6-9　葡萄与花生套种

图 6-10　葡萄与大豆间作

（四）免耕法

主要利用除草剂除草，对土壤一般不进行耕作。这种土壤管理方法具有保持土壤自然结构、节省劳动力、降低生产成本等优点。但在阳光玫瑰葡萄园中不宜使用，尤其是第一年种植的葡萄园，以免除草剂飘移到幼苗上，影响植株生长（图 6-11）。

生产上常用的除草剂有草甘膦、草铵膦等。草甘膦具有内吸传导性，主要作用是杀根，从而导致杂草死亡。而草铵膦主要是触杀，它的内吸性弱，杀害杂草时通常是先杀叶，之后通过叶片传导，导致杂草不能生长。另外，草铵膦的除草速度更快。

图 6-11　除草剂危害的葡萄叶片

（五）生草法

在年降水量较多或有灌水条件的地区，可以采用果园生草法。果园生草可以采用自然生草和全园或带状人工生草两种方法。自然生草是利用果园中自己长起来的杂草，在不用除草剂的情况下，人为剔除恶性杂草，这样保留下来的就是我们需要的草种（图6-12）。自然生草的草种是通过多年自然竞争选择存活下来的，能够很好地适应果园里的生态环境，且管理成本相对较低。人工生草的草种多为多年生牧草和禾本科植物，如三叶草（图6-13）、紫花苜蓿（图6-14）、毛叶苕子、黑麦草、鸭茅草、百脉根等，一般在整个生长季节内均可播种。

图6-12　葡萄园自然生草

图6-13　葡萄园人工生草（三叶草）

图 6-14　葡萄园人工生草（紫花苜蓿）

第二节　施肥管理

在幼苗生长过程中，阳光玫瑰葡萄会出现僵苗现象，因此，建议幼苗生长期进行大肥大水管理，让幼苗尽快抽条生长，但要把握使用量。

一、施肥原则

①以有机肥为主，化学肥料为辅。②安全优质原则。③化肥减施原则，在保证植物营养有效供给的基础上减少化肥用量，兼顾元素之间的比例平衡，无机氮素用量不得高于当季作物需求量的一半。④可持续发展原则，绿色食品生产中所使用的肥料应对环境无不良影响，有利于保护生态环境，保持或提高土壤肥力及土壤微生物活性。绿色食品（葡萄）生产的肥料使用按 NY/T 394—2013 中对"A 级绿色食品"的要求执行。

（一）农家肥

就地取材，主要有植物和（或）动物残体、排泄物等富含有机物的物料制作而成的肥料，包括秸秆肥、绿肥、厩肥、堆肥、沤肥、沼肥、饼肥等。

1. **秸秆肥** 以麦秸、稻草、玉米秸、豆秸、油菜秸等作物秸秆作为肥料。

2. **绿肥** 是新鲜植物作为肥料就地翻压还田或者异地施用，主要分为豆科绿肥和非豆科绿肥两大类。

3. **厩肥** 是圈养牛、马、羊、猪、鸡、鸭等畜禽的排泄物与秸秆等垫料发酵腐熟而成的肥料。

4. **堆肥** 是动植物残体、排泄物等为主要原料，堆制发酵腐熟而成的肥料。

5. **沤肥** 是动植物残体、排泄物等有机物料在淹水条件下发酵腐熟而成的肥料。

6. **沼肥** 是动植物残体、排泄物等有机物料经沼气发酵后形成的沼液和沼渣肥料。

7. **饼肥** 是含油较多的植物种子经压榨去油后的残渣制成的肥料。

（二）有机肥料

主要来源于植物和（或）动物，经过发酵腐熟的含碳有机物料，其功能是改善土壤肥力、提供植物营养、提高作物品质。

（三）微生物肥料

含有特定微生物活体的制品，应用于农业生产，通过其中所含微生物的生命活动，增加植物养分的供应量或促进植物生长，提高产量、改善农产品品质及农业生态环境的肥料。

（四）有机–无机复混肥料

含有一定量有机肥料的复混肥料。其中复混肥料是指氮、磷、钾3种养分中，至少有2种养分标明量的由化学方法和（或）掺混方法制成的肥料。

（五）无机肥料

主要以无机盐形式存在，能直接为植物提供矿质营养的肥料。

（六）土壤调理剂

加入土壤中用于改善土壤的物理、化学和（或）生物性状的物料，功能包括改良土壤结构、降低土壤盐碱危害、调节土壤酸碱度、改善土壤水分状况、修复土壤污染等。

A级绿色食品可使用上述所有肥料，在耕作制度允许情况下，宜利用秸秆和绿肥，按照约25∶1的比例补充化学氮素。厩肥、堆肥、沤肥、沼肥、饼肥等农家肥料应完全腐熟，肥料的重金属含量指标符合有机肥料 NY 525—2012 的要求（表 6–1、表 6–2）。不能使用添加有稀土元素的肥料、成分不明确的、含有安全隐患成分的肥料、未经发酵腐熟的人畜粪尿、生活垃圾、污泥和含有有害物质（如毒气、病原微生物、重金属等）的工业垃圾、转基因品种（产品）及其副产品为原料生产的肥料、国家法律规定不得使用的肥料。AA 级绿色食品只能使用农家肥料、有机肥料、微生物肥料。

表 6–1　有机肥料的技术指标

项目	限量指标
有机质的质量分数（以烘干基计），（%）	≥ 45
总养分（氮 + 五氧化二磷 + 氧化钾）的质量分数（以烘干基计），（%）	≥ 5.0
水分（鲜样）的质量分数，（%）	≤ 30
酸碱度（pH）	5.5 ~ 8.5

表 6–2　有机肥料中重金属的限量指标　（单位：毫克 / 千克）

项目	限量指标
总砷（以烘干基计）	≤ 15
总汞（以烘干基计）	≤ 2
总铅（以烘干基计）	≤ 50
总镉（以烘干基计）	≤ 3
总铬（以烘干基计）	≤ 150

二、基肥

基肥是葡萄生产中最重要的施肥环节，一般在采果后（河南地区阳光玫瑰葡萄一般在 9 月采收结束，10 月施有机肥）至晚秋（初冬）时节进行，越早越好，对阳光玫瑰葡萄植株恢复树势，促进花芽分化，为翌年丰产打好基础。基肥以有机肥为主，可以是农家肥、有机肥料、微生物肥料等，根据土壤肥力情况，每亩用量 3~5 吨，占全年施肥量的 70% 以上。成龄葡萄园可以采用三种方法施有机肥，一种是开沟施入，以采果后施入最佳，开沟距离主干 1.0 米左右或在两行葡萄树中间（高宽垂架、高宽平架等），随着树龄的增长和树势的增加，施肥位置距主干距离可适当增大。施肥时要将开沟挖出的土壤与有机肥混匀后再填入沟中，切不可将有机肥与园土分层填入沟中（图 6–15~ 图 6–17）。另一种方法是将有机肥撒到施肥位置，用旋耕机深翻将土壤与有机肥混合施入（图 6–18、图 6–19）。第三种是用开沟施肥一体机直接将有机肥施入土壤（图 6–20）。

施基肥的同时可以按照每亩硫酸钾型复合肥（15–15–15）30~50 千克、过磷酸钙 30~50 千克的标准施入化学肥料。

图 6-15　开沟

图 6-16　施入有机肥与化学肥料

图 6-17　回填土、旋耕、翻匀

图 6-18　树行撒有机肥

图 6-19　深耕土壤与有机肥混匀施入土壤

图 6-20　开沟施肥一体机施肥

三、追肥

在葡萄植株生长期间,根据植株生长势和土壤肥力变化进行多次追肥。我国葡萄营养研究比较落后,施肥管理多靠经验,缺乏科学依据,造成肥料利用率低,葡萄园面源污染严重,树体营养失调,生理病害发生普遍。近年来,随着葡萄矿质营养元素吸收规律及肥料高效利用技术的研究,为阳光玫瑰葡萄科学施肥奠定了基础。

(一)主要矿质营养元素的作用及肥料种类

1. 氮素与氮肥 植物体内的含氮化合物主要以蛋白质形态存在,蛋白质是构成生命物质的主要成分,而蛋白质中的氮含量占16%~18%。氮是叶绿素的成分,缺氮会影响叶绿素的合成,叶片失绿,光合作用减弱,碳水化合物合成受阻。氮还是酶、维生素、激素、生物碱的成分,因此缺氮还会造成植物代谢紊乱。葡萄缺氮肥时,首先在老叶上表现症状,叶片细小直立,与茎的夹角小,叶片淡绿色或淡黄色;根系数量减少,后期停止生长。

生产上常用的氮肥有碳酸氢铵、尿素、硫酸铵等。碳酸氢铵含氮量为16.5%~17.5%,白色结晶状,有氨臭味,易吸湿,易溶于水,水溶液呈碱性,在高温高湿条件下易分解成氨气,必须深施,施肥后应及时灌水。尿素含氮量为46%,易溶于水,水溶液呈中性,常温下不易分解,尿素施入土壤后,在土壤微生物的作用下短时间内即可转化为碳酸氢铵,然后被植物吸收,因此施肥后应及时灌水。另外,尿素也可以作叶面肥使用。

合理施用氮肥是提高氮肥利用率的有效途径,氮肥会通过氨态氮的挥发、硝态氮的淋失和反硝化作用脱氮。因此,在北方干旱少雨的地区施氮肥应以硝态氮为主,在南方多雨地区以铵态氮肥为主,减少流失。另外,氮肥深施也是提高氮肥利用率的方法,一方面减少挥发、淋失,另一方面延迟肥效,促进根系发育。另外,氮肥一般要与有机肥、磷、钾肥等配合施用。

2. 磷素与磷肥 磷是植物体内许多重要化合物的组成元素,参与植物的代谢。在光合作用中,磷首先参与光合磷酸化,将太阳能转化为化学能,参与二氧化碳的固定和同化产物的形成。磷还可以促进氮素代谢,提高植物对外界的适应性,促进根系生长,提高植株的抗旱性和抗寒性。一般磷肥利用率较低,其在土壤中扩散能力较弱,在土壤中几乎不移动。土壤的酸碱度对磷在土壤中的形态和浓度有影响。土壤的通气性和温度影响着葡萄植株的呼吸作用和能量供应,从而影响对磷的吸收。土壤质地影响磷酸根离子的扩散和葡萄根系的伸展。

生产上常用的磷肥有过磷酸钙、钙镁磷肥等。过磷酸钙称为普钙,其速效磷(P_2O_5)含量为12%~20%,易吸湿结块,与有机肥混合使用可以显著提高其利用率,适合在中性或碱性土壤中施用。钙镁磷肥是弱碱性肥料,含速效磷12%~20%,没有过磷酸钙肥效快,但后期肥效长,适合在酸性土壤上使用。

3. **钾素与钾肥**　钾在葡萄生长发育过程中起着重要作用。钾在光合作用中起重要作用，能够促进植株正常呼吸，改善能量代谢，促进植株体的物质合成和转运，促进氮代谢，增强植株的抗性。在葡萄花芽分化过程中增施钾肥，有利于花芽分化，提高花芽质量。钾肥还可以提高果实的含糖量，改善果实风味。土壤中的钾可以随水扩散迁移到植物根系被吸收，因此，钾肥可施到根系或根系以上的部位。另外，钾肥尽量与氮肥、磷肥及微量元素配合施用。

生产上常用的钾肥有硫酸钾和氯化钾。硫酸钾含有效钾（K_2O）33%~50%，易溶于水，是生理酸性的速效性肥料，可作基肥、追肥和叶面追肥用。氯化钾含有效钾 54%~60%，可作基肥、追肥用。一般与有机肥混合使用效果更好。

> **小提示**
>
> 　　葡萄尽量不要施用氯化钾或氯化铵及含氯复混肥，施入过多容易出现氯中毒现象。即叶面发生氯中毒，边缘先失绿，进而变成淡褐色，并逐渐扩大到整叶，经过 1~2 周开始落叶，叶片先脱落，进而叶柄脱落。受害严重时，造成整株落叶，随着果穗萎蔫，青果转为紫褐色后脱落，新梢枯萎，新梢上抽生的副梢也受害，引起落叶、枯萎，最终引起整株枯死。

预防氯中毒的措施：①控制含氯化肥的施用，特别是控制含氯化钾和氯化铵的"双氯"复混肥及鸡粪等农家肥的施用量，以防因氯离子过多而造成对葡萄的危害。②当发现产生氯害时，应及时把施入土中的肥料移出，同时叶面喷施氨基酸钾、硒等叶面肥以恢复树势。如果严重，需进行重剪，以尽快恢复树体生产能力。

4. **钙素与钙肥**　葡萄对钙素的吸收量最大。钙是植物细胞壁的重要组成部分，能降低原生质的水合度，提高植株适应干旱与干热的能力。钙能调节植物细胞介质中的生理平衡，中和体内过多的有机酸，调节体内 pH 和减少单盐毒害。缺钙能导致植物细胞分裂不能正常进行。根系吸收钙主要通过木质部向上运输，而韧皮部运输的量极少，钙在植物体内不易迁移，一般老叶中含量较高。对于果实补钙最好喷洒螯合钙和有机钙肥，使用无机钙的作用不大。

5. **硼素与硼肥**　硼能够促进葡萄花粉萌发和花粉管生长，有利于授粉和受精，促进坐果。葡萄缺硼时不能正常开花，出现大量落蕾，坐果率降低。生产上，葡萄补硼常在开花前进行。常用的硼肥有硼砂、硼酸、硼镁肥和硼镁磷肥等。硼砂含硼量在 11.3% 左右，为无色透明结晶或白色粉末，溶于 40℃ 热水，是最常用的硼肥；硼酸含硼在 17.5%，无色透明结晶或白色粉末，易溶于水，是很好的硼肥；硼镁肥是制取硼酸的残渣，灰色或灰白色粉末，所含硼主要是硼酸形态，能溶于水，含硼 1% 左右，含镁 20%~30%。硼镁磷肥是用酸处理硼泥和磷矿粉制成，含有效硼 0.6% 左右，含镁 10%~15%，含有效磷 6% 左右，是一种含大量磷、镁元素和硼元素的复合肥料。

6. **复合肥料**　常用的复合肥料有磷酸二铵、磷酸二氢钾及多种三元复合肥等。磷酸二铵的养分含量为 62%~75%，其中含氮 16%~21%，含速效磷（P_2O_5）46%~54%，可作为基肥、追肥使用。磷酸二氢钾的一般速效磷含量为 45%，有效钾（K_2O）含量在 31% 以上，可作为基肥、追肥及叶面喷肥使用，使用浓度一般为 0.2% 左右；氮磷钾三元复合肥是葡萄追肥常用的复合肥，只是在葡萄的不同生育期根据其生长发育特点再适当增加一些其他元素，如在新梢生长期，对氮肥的需求量偏多，在施用氮磷钾三元复合肥的同时，应增加一些氮素肥料；在果实快速膨大期，为提高糖分积累，施用氮磷钾三元复合肥的同时应再加入一些钾肥。

（二）矿质营养元素吸收规律

根据上海交通大学王世平教授团队的研究结果，葡萄全年对各种矿质营养元素的吸收量分别为每亩 Ca（钙）：30 千克、N（氮）：20 千克、K（钾）：15 千克、Mg（镁）：5 千克、P（磷）：2 千克、Fe（铁）：100 克、B（硼）：30 克、Mn（锰）：20 克、Zn（锌）10 克、Cu（铜）：10 克，这些营养元素分别在萌芽期至盛花期末期分 3 次施入全年施肥量的 25%，果实膨大期分 2 次施入全年施肥量的 33.3%，转色期至采收期一次施入全年施肥量的 8.3%，采收后一次施入全年肥量的 33.3%。

（三）施肥方法

1. **根部施肥** 阳光玫瑰葡萄吸收养分的有效部位是幼小的根毛，因此，土壤施肥要施到根系分布密集区。采用人工开沟施肥时，要掌握好施肥的位置、开沟深度，施肥前最好先进行根系分布观察，以便掌握施肥的部位和深度，施肥沟深度以刚看见根的深度为宜。采用滴灌、微喷灌的水肥一体化技术可以提高肥料利用率，所选用的肥料要水溶性好。

2. **叶面施肥** 叶面施肥是将肥料的水溶液喷洒到叶面上，通过叶片的气孔和角质层渗入到叶片内而被吸收利用。叶片肥料能够及时地补充葡萄生长发育所急需的营养成分。在阳光玫瑰葡萄几个关键生长时期，如新梢快速生长期、幼果膨大期、果实第二次快速膨大期（软化期）等，除进行根部施肥外，也可喷施叶面肥，一般在施叶面肥 2~3 小时内养分即可被吸收利用，3~5 天可以表现出来。

叶面肥的种类和使用浓度：尿素 0.2%~0.3%；过磷酸钙 1%~3%；磷酸二氢钾 0.3%~0.5%；硼砂、硫酸锌、硫酸锰等 0.1%~0.2%；氨基酸复合肥、沼液等也是叶面肥料的材料，使用浓度按照相关说明进行。钙肥喷施应在套袋前进行。

生产上，一般将叶面肥与防治病虫害的药液同时喷洒。需要注意的是一般农药与碱性肥料混合使用的时候会降低药效。另外，在叶面肥与农药混合使用时，要先了解叶面肥是否可以与所使用的农药混用，最好是叶面肥单独使用，以免降低作用或发生药害。

第三节　水分管理

阳光玫瑰葡萄需水有明显的阶段特征，从萌芽期开始对水分需求量逐渐增加，到果实第二次膨大期达到最大，进入成熟期后，对水分需求量减小。其中，幼果第一次快速膨大期对水分胁迫最敏感，此时期的水分胁迫对果实造成的伤害是不可逆转的。娄玉穗等基于果实膨大、叶片净光合速率、叶片光合产物向果实中转运等指标确定了葡萄果实发育不同时期开始灌溉的土壤水势阈值，即在幼果期、果实第一次快速膨大期到硬核期和转色期到成熟期，需要开始灌溉的根域土壤水势阈值依次为 -10.0 千帕、-15.0 千帕和 -20.0 千帕，其他物候时段的灌溉阈值为 -10.0 千帕（图 6-21）。

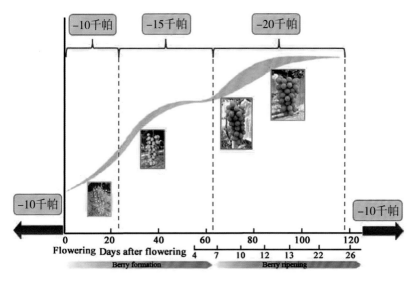

图 6-21　葡萄不同发育阶段开始灌溉的土壤水势阈值

一、适宜灌溉时期与灌溉量

阳光玫瑰葡萄的耐旱性较强，只要有充足、均匀的降水，一般不需要灌溉。但我国大部分葡萄生长区的降水量分布不均匀，多集中在葡萄生长中后期，而在生长前期干旱少雨，因此，根据具体情况，适时灌溉对葡萄的正常生长十分必要。

灌溉量即一次灌水中使葡萄根系集中分布范围内的土壤湿度达到最有利于生长发育的程度，一般以湿润 80~100 厘米宽（主干为中心）、0~40 厘米深的土层即可，过深不但浪费水资源，而且影响地温的回升。多次只浸润表层的浅灌，既不能满足根系对水分的需要，又容易引起土壤板结和温度降低，因此，灌水要一次灌透。

（一）萌芽前

北方土壤解冻后至萌芽前10天，结合追肥灌1次透水，此次灌溉又称为催芽水，促进植株萌芽整齐，有利于新梢早期快速生长。埋土区在葡萄出土上架后，结合施催芽肥立即灌水。埋土浅的区域，常因土壤干燥而引起抽条，因此，在葡萄出土前、早春气温回升后灌1次水，能明显防止抽条（6-22）。

图6-22　灌催芽水

（二）萌芽后至开花期

北方春季干旱少雨，葡萄从萌芽至开花需40天左右时间，一般灌3~5次水，此时期葡萄根系集中分布范围内的土壤湿度应保持在田间最大持水量65%~75%，促进新梢、叶片快速生长和花序的进一步分化与增大。阳光玫瑰葡萄开花期需要保持一定的土壤湿度，有利于坐果，无核栽培保花保果后应及时灌水，切忌灌过多水，造成落花落果。

（三）坐果期

此时期为葡萄的需水临界期。如果水分不足，叶片与果实争夺水分，常使幼果脱落，严重时导致根毛死亡，地上部生长减弱，产量显著下降。此时期葡萄根系集中分布范围内的土壤湿度应保持在田间最大持水量60%~70%。另外，此时期适度的干旱可以使授粉受精不良的小青粒自动脱落，减少人工疏粒。

（四）果实膨大期

此时期是果实需水的关键时期，从生理落果到果实软化期前，既是葡萄果实生长速度最快的时期，也是花芽分化的时期。气温较高，蒸发量大，植株常常会出现生理性萎蔫现象，易造成植株体内水分亏缺。此时期葡萄根系集中分布范围内的土壤湿度应保持在田间最大持水量65%~75%，一般每隔7~10天灌溉1次。

（五）浆果软化至成熟期

此时期果实再次快速生长，果实糖分及次生代谢产物开始合成并积累。一般要适当控制水分，以利于葡萄糖分积累和控制成熟前的果实病害。研究表明适当的水分胁迫有利于果实糖分的积累，由于阳光玫瑰葡萄从浆果软化到成熟需要较长一段时间，因此，此时期在控制水分供应的同时，也要适度地进行灌溉，切不可过分干燥造成果实生长停止或者软果。此时期葡萄根系集中分布范围内的土壤湿度应保持在田间最大持水量55%~65%。

（六）采果后

果实采收后及时灌透水一次，之后结合秋施基肥再进行灌水（图6-23），促进营养物质吸收，有利于根系的愈合和及早发出新根，恢复树势，保证营养顺利回流，安全越冬。

图6-23 结合秋施基肥灌透水

（七）封冻水

在越冬前要大水漫灌一次越冬水，以利于阳光玫瑰葡萄安全越冬。

二、灌溉方法

建议采用滴灌或微喷灌等节水型灌溉方式，滴管的安装及技术参数如下：

整套滴灌设备由机井、压力罐、PVC给水主管De110、PVC给水支管De50、三通、弯头、球阀等组成。根据立地条件，一般定植行为南北向，长度控制在30~50米，东西向不限。于地头东西向埋好PVC管，深度以50厘米左右为宜。约50米往地面接出一个管头，安装阀门，连接主管带。将主管带东西向铺开，根据行距安装支管，支管可以采用喷管或滴灌，阳光玫瑰葡萄肥水需求量大，建议树行两侧各安装支管1~3条（图6-24~图6-26、图3-7）。最后将PVC管连接压力罐即可。另外，最好在主管上留出分别用于漫灌和滴灌使用的出水口，如图6-27和6-28所示。

图 6-24　地面喷灌

图 6-25　吊喷

图 6-26　地面滴灌

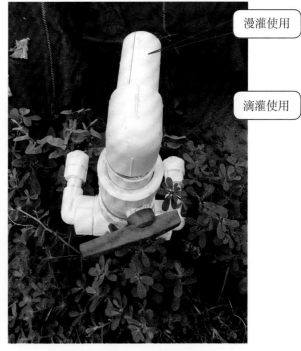

漫灌使用

滴灌使用

图 6-27　漫灌＋滴灌两用设备

图 6-28　漫灌 + 滴灌两用管道设计

三、排水

阳光玫瑰葡萄一般在灌水或降水过多的情况下不易裂果，但是长时间的积水会影响根系生长发育，同时对营养元素吸收变得困难，严重时根系腐烂、死亡。另外，田间水分过多也会造成植株过旺生长，抑制花芽分化顺利进行。因此，生产上应做到合理灌水和及时排水。

根据立地条件，每个小区必须做好必要的排水沟，将过多水及时排到园外，避免果园长期积水，影响根系呼吸。在小区的作业道一侧应设排水支渠，与主干路的排水沟相连，主干路的排水沟同时与园外的总排水干渠相连接。排水沟以暗沟为好，以方便田间作业（图 6-29）。

图 6-29　排水

第七章　阳光玫瑰葡萄花果管理

　　花果管理是阳光玫瑰葡萄生产的核心。从定穗到套袋这段时间既是阳光玫瑰葡萄花果管理的关键时期，也是进行疏花疏果和保果膨果工作的关键时期，如何做好花果管理是优质阳光玫瑰葡萄生产的关键。

第一节　疏花序

　　阳光玫瑰葡萄植株在良好的管理条件下，每个新梢会分生出 1~2 个花序，个别新梢有 3 个花序或无花序（图 7-1~图 7-4）。为了确保果品质量，在花序发育到 5~8 厘米时，根据生长势和单株花序分布情况，合理调控负载量，即根据年度负载量的多少，计算出单株应该预留的果穗数量，然后进行疏花序（图 7-5）。按照每亩 1 500 千克、单穗重 600~700 克计算，每亩留花序数量为 2 150~2 500 个。

　　疏花序的原则：生长势较强旺的结果枝条留 2 个花序，中庸枝条留 1 个花序，细弱枝条不留花序，延长枝条不留花序。

图 7-1　阳光玫瑰葡萄无花序新梢

图 7-2　阳光玫瑰葡萄 1 个花序新梢

图 7-3 阳光玫瑰葡萄 2 个花序新梢　　　　　　图 7-4 阳光玫瑰葡萄 3 个花序新梢

图 7-5 阳光玫瑰葡萄疏除花序时期

第二节　无核栽培

因为阳光玫瑰葡萄自然果穗存在大小粒、坐果不良、果锈严重、耐储运性差等问题，因此，生产上通常采用无核栽培。阳光玫瑰葡萄无核栽培主要包括以下几个步骤：

一、花序整形

花序整形的目的是为了使果穗达到一定的形状，外观美丽，大小整齐一致。

花序整形时期：阳光玫瑰葡萄花序整形在见花前 2~3 天至初花期进行，即花序分离后开始对花序进行整形（图 7-6、图 7-7）。

图 7-6　见花前 2~3 天的花序

图 7-7　初花期的花序（花序中部少量花朵开放）

花序整形方法：保留穗尖法，其余支穗全部去除。这种方法可以保证花序开花相对整齐一致，便于无核化处理。若在见花前2~3天进行花序整形，则保留穗尖5~6厘米（图7-8）；若在见花期进行花序整形，则保留穗尖6~7厘米，成熟期果穗重量为700~800克。即越早进行花序修整，保留穗尖长度越短。另外，花序整形时可以在花穗上部留一个小副穗作为标记，无核化处理后将其剪去或掐掉。如果花序有2个穗尖，保留1个生长方向比较顺的穗尖（图7-9、图7-10）。花序整形可以使用葡萄疏花疏果专用剪刀（图7-11），也可以使用指甲掐或者手捋，需要注意的是采用手捋的方法要在见花时进行，此时花序分枝较脆容易捋掉且不伤及花序轴，其他时期容易将花序捋断和破坏花序轴表皮，建议非熟练工人不要使用该方法。

图7-8 修整花序后（留穗尖5厘米）

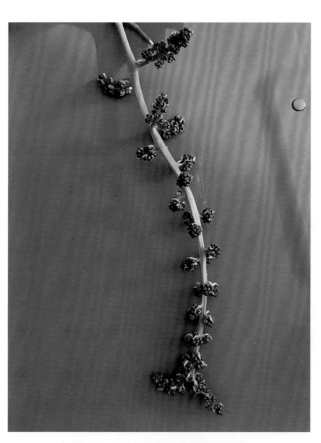

图7-9 两个穗尖花序修整花序前

图7-10 两个穗尖花序修整花序后
（花序上部留1个小副穗作为标记）

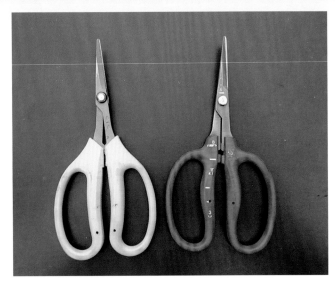

图7-11 葡萄修花序、疏果专用剪刀

　　如果阳光玫瑰葡萄不进行花序整形，由于整个花序上的花朵开放不一致，无核化处理时容易造成果穗大小粒严重、僵果等问题（图7-12）。

图7-12 不进行花序整形的阳光玫瑰葡萄果穗

如果在花序整形时期留穗尖长度越大，成熟期果穗越长，成熟期越晚（表7-1、图7-13）。

表7-1 不同花序长度对成熟期果穗长度和果实品质的影响

指标 \ 数值 \ 处理	对照（不疏花疏果）	5厘米	6厘米	7厘米	8厘米	9厘米
果穗长度（厘米）	38.5	20.5	20.7	22.8	23.9	25.0
果粒纵径（毫米）	29.37	32.37	32.90	32.31	31.71	31.71
果粒横径（毫米）	23.59	28.21	25.78	26.01	26.42	26.42
果型指数	1.25	1.15	1.28	1.24	1.20	1.20
硬度（克/厘米^2）	0.85	0.73	0.74	0.86	0.94	0.94
单粒重（克）	9.5	15.3	13.9	13.9	13.1	13.1
单穗重（克）	3 020.0	759.8	736.6	841.0	842.1	877.9
可溶固形物含量（%）	23.3	27.5	23.8	23.5	23.7	20.4
可滴定酸含量（克/千克）	2.18	1.84	1.99	1.90	1.84	1.73
糖酸比	106.9	149.5	119.6	123.7	128.8	117.9

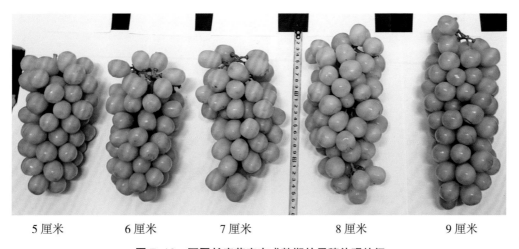

| 5厘米 | 6厘米 | 7厘米 | 8厘米 | 9厘米 |

图7-13 不同长度花序在成熟期的果穗外观特征

二、无核化处理

葡萄开花期是指从见花开始到终花结束的一段时间。在河南郑州避雨栽培条件下，阳光玫瑰葡萄开花期一般在5月上中旬至中旬。花期分为始花期、盛花期、落花期，始花期是花序上有5%左右的花朵开放（图7-14）；盛花期是花序上有60%~70%的花朵开放（图7-15）；落花期是花序上有5%左右的花朵尚未开放（图7-16）。

图 7-14　始花期　　　　　　　　　　　　图 7-15　盛花期

图 7-16　落花期

处理时期：阳光玫瑰葡萄无核化处理要在盛花末期（盛花后 1~3 天）进行（图 7-17）。处理过早，容易造成果穗弯曲（图 7-18）、僵果（图 7-19）、坐果量过多（图 7-20）等问题；处理过晚，会造成无核率低（图 7-21、图 7-22）、坐果量少（图 7-23）等问题。辨别盛花末期的方法是花序顶端花帽顶起，可以看到花帽下方的小果粒（图 7-17）。因为阳光玫瑰葡萄无核化处理的时期对其坐果和无核有较大影响，因此，生产上在进行无核化处理时，最好分批次进行处理，以保证每串果穗都是商品果。

图 7-17　盛花后 1 ~ 3 天（无核保果时期）

图 7-18　无核化处理不当造成果穗尖部弯曲

图 7-19　无核化处理不当造成果穗尖部弯曲和僵果

图 7-20　无核化处理不当造成坐果量过多

图 7-21　无核化处理时期合适产生无核果

图 7-22　无核化处理时间过晚产生有核果

图 7-23 坐果量少、小僵果

另外，无核化处理时的天气状况对处理的效果也有很大影响，高温、雨天的处理效果均不好，因此，无核化处理最好在晴天 10 时之前或 16 时之后或者阴天全天进行，如果处理后遇到降水，露地栽培建议进行二次处理。

无核化处理的植物生长调节剂种类及浓度：河南省农业科学院园艺研究所通过研究不同浓度的植物生长调节剂赤霉素（GA₃）、氯吡苯脲（CPPU）、噻苯隆（TDZ）处理对阳光玫瑰葡萄坐果量、疏果用工、果实发育与品质的影响研究，确定了适合阳光玫瑰葡萄果实进行无核化处理的浓度。

赤霉素对阳光玫瑰葡萄果粒的纵向生长有较明显的促进作用，仅用赤霉素进行无核化处理的果粒果型指数（纵径/横径）达 1.4 左右，果实品质较好，但果锈发生率较高。氯吡苯脲和噻苯隆对果粒横向生长有较明显的促进作用，用赤霉酸+氯吡苯脲处理的果实较赤霉素+噻苯隆的果实品质好，同一时期成熟度高（图 7-24、图 7-25）。

综合之前的研究结果，建议阳光玫瑰葡萄无核保果使用 25 毫克/升赤霉素+3~5 毫克/升氯吡苯脲分批次浸渍果穗，达到无核保果作用。虽然噻苯隆处理的果穗外观和果粒外观较好，但是果实内在品质较差，且易出现果粒空心现象。另外，对于幼树或者树势较弱的植株，无核化处理的植物生长调节剂浓度应适当降低，以免造成大量的僵果发生。

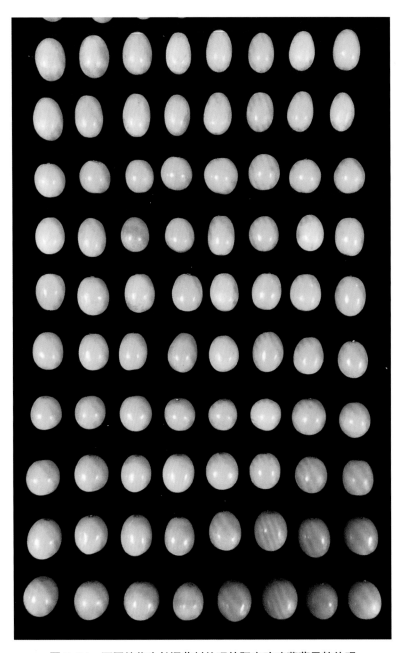

图 7-24　不同植物生长调节剂处理的阳光玫瑰葡萄果粒外观

从上到下的植物生长调节剂浓度依次为：对照、12.5 毫克 / 升 GA$_3$、25 毫克 / 升 GA$_3$、3 毫克 / 升 CPPU、3 毫克 / 升 TDZ、25 毫克 / 升 GA$_3$+2 毫克 / 升 TDZ、25 毫克 / 升 GA$_3$+3 毫克 /TDZ、25 毫克 / 升 GA$_3$+5 毫克 / 升 TDZ、25 毫克 / 升 GA$_3$+2 毫克 / 升 CPPU、25 毫克 /GA$_3$+3 毫克 / 升 CPPU、25 毫克 / 升 GA$_3$+5 毫克 / 升 CPPU

对照　　　　　　25GA₃　　　　　　3CPPU　　　　　　3TDZ

25GA₃+2CPPU　　　25GA₃+3CPPU　　　25GA₃+5CPPU　　　25GA₃+10CPPU

25GA₃+2TDZ　　　25GA₃+3TDZ　　　25GA₃+5TDZ　　　25GA₃+10TDZ

图 7-25　不同植物生长调节剂处理的阳光玫瑰葡萄果穗

无核化处理方法：最好采用花穗浸渍（图 7-26）。

图 7-26　无核化处理方法（花穗浸渍）

三、疏果

阳光玫瑰葡萄果粒坐稳后，尽早进行疏果，疏果步骤如下：

第一次疏果：定穗长，留单层果。阳光玫瑰葡萄使用赤霉素处理后，果穗最上部的分支会迅速拉长分离。因此，在保果处理 1 周内果粒坐稳后，根据目标穗重留穗尖 9~12 厘米，将上部过长的分枝剪掉，然后将基部有明显分层的支穗剪留成单层果粒（图 7-27、图 7-28），对于有分叉的穗尖，可以剪掉 1 个、保留 1 个长势比较顺畅的穗尖，也可以都剪掉，使果穗呈柱状。

图 7-27　疏单层果前

图 7-28　疏单层果后

第二次疏果：在保果1周后果粒大小似黄豆粒时进行精细疏果，疏果时，首先剪去病虫果、畸形果、小粒果和个别突出的大粒果；然后最顶端可保留部分朝上果粒，末端保留穗尖，以达到封穗效果；其余中部小穗去除向上、向下、向内生长的果粒，整体从上到下采用5-4-3-2-1的原则（果穗最上层2~3个小穗保留5粒果；再往下4个小穗保留4粒果；再往下5~6个小穗保留3粒果。最下端着生1~2粒果的小穗不动。疏果完毕后，整个果穗类似中空的圆柱体）。对于留果量不同的果穗，建议每个支穗上的留果量如图7-29所示，最终使整个果穗上的果粒分布均匀、松紧适度，建议每串果穗大小基本一致，留果50~70粒，保证成熟期单穗重600~800克（图7-30、图7-31）。

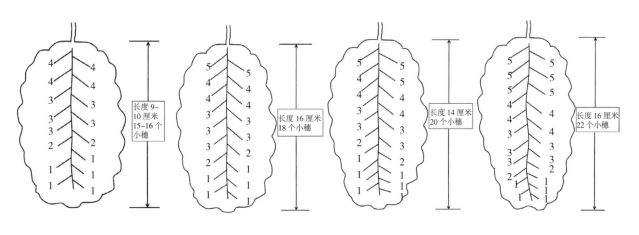

圆柱状40粒果穗果粒分布

圆柱状50粒果穗果粒分布

圆柱状60粒果穗果粒分布

圆柱状70粒果穗果粒分布

图7-29　不同留果量的阳光玫瑰葡萄果穗上的果粒分布

图 7-30　精细疏果前　　　　　　　　图 7-31　精细疏果后

第三次疏果：套袋前进行最后一次疏果，主要是去除僵果及凸出的果粒，最终确定标准穗型，随后套袋。

小提示

如果在坐果后不及时将果穗上部支穗疏成单层果，支穗将会远离主穗轴向外生长，出现果穗松散、不紧凑的现象。另外，疏果过晚也会造成果梗不易脱落问题（图 7-32、图 7-33）。

图 7-32　早疏果疏掉果粒的果梗易掉落　　图 7-33　晚疏果疏掉果粒的果梗不易掉落且小
　　　　　　　　　　　　　　　　　　　　　　　支穗的穗轴向外生长

如果阳光玫瑰葡萄不进行修整花序和疏果或者只修整花序不进行疏果都会造成在生长后期果粒没有充足的生长空间而相互挤压产生裂果或烂果（图 7-34、图 7-35）。

图 7-34　阳光玫瑰葡萄果穗不进行修整花序和疏果造成裂果和烂果发生

图 7-35　阳光玫瑰葡萄只修整花序但不疏果造成果粒相互挤压

图 7-36　幼果膨大期（膨大处理时期）

四、膨大处理

无核化处理后 12~15 天，进行膨大处理（图 7-36）。用 25 毫克/升赤霉素或 25 毫克/升赤霉素 +3~5 毫克/升氯吡苯脲进行膨大处理，此次处理可以对无核化处理时间相隔在 7 天以内的所有果穗进行浸泡，不用分批次处理。

五、套袋

果实套袋可以减少鸟类危害和病虫害、减少农药使用量和环境污染、延迟采收、提高果实的商品性。

（一）套袋时间

一般在花后 30~40 天，疏果和膨大处理完成后进行（图 7-37）。套袋应在晴天，以 8~10 时或 16 时以后为宜，切忌雨后高温立即套袋。

套袋前必须对果穗进行药剂处理，选择能够兼治多种果实病害和虫害、高效低毒、无农药、药渍残留、药效期长的药剂，如嘧菌酯（阿米西达）、抑霉唑＋苯醚甲环唑药剂等，建议采用浸穗方法。

（二）套袋种类

葡萄生产上一般使用白色纸袋（图 7-38），然而阳光玫瑰葡萄在成熟期易出现果锈症状，而果锈的发生与光照强度有关。因此，为了降低阳光玫瑰葡萄果锈发生，生产上通常采用套较深颜色果袋（绿色或蓝色）（图 7-39、图 7-40），需要注意的是深颜色果袋会造成果实成熟期的延迟。另外，阳光玫瑰葡萄果穗较大时，容易出现果穗上部果粒黄且成熟早、下部果穗绿且成熟晚的现象，这也与果实接收的光照有关，因此，近年来生产上通过采用使用渐变色果袋来解决这个问题，即果袋颜色从上到下逐渐变浅（图 7-41、图 7-42）。对于观光采摘

图 7-37　封穗期（套袋时期）

园，在阳光玫瑰葡萄接近成熟期，可以将果袋换成透明微孔袋或伞袋（图 7-43、图 7-44），增加观光效果，切记在果实生长前期（即果实第一次快速膨大期）使用透明微孔袋容易造成日灼的发生。

图 7-38　白色纸袋

图 7-39　绿色纸袋

图 7-40　蓝色纸袋

图 7-41　蓝色渐变色纸袋

图 7-42　绿色渐变色纸袋

图 7-43　透明微孔袋

图 7-44　伞袋

（三）套袋方法

套袋时，将手伸入袋内将果袋张开，从果穗下部小心地往上套，底部留有一定空间，然后将袋口收拢，用果袋上的铁丝把袋口扎紧。

> **小提示**
>
> 在此过程中要小心，不要伤及果柄。

第三节　有核栽培

因为阳光玫瑰葡萄是二倍体，所以自然果穗（不进行植物生长调节剂处理）坐果较好，通过合理的管理可以进行有核栽培。

一、修整花序

去掉副穗和基部较分散的 1~2 个分支，回剪部分较长的分支，并去掉穗尖 1~2 厘米，使果穗紧凑，也可以采用在见花期保留穗尖 6 厘米左右的方法进行花序修整。

二、疏果

待阳光玫瑰葡萄坐稳果后、果粒大小分明时进行疏果。疏去病虫果、畸形果和过密部位的果粒，使果穗松散适度，利于果实膨大，提高果实的商品性（图 7-45）。

有核果穗　　　　只膨大处理果穗　　　无核化＋膨大处理果穗

图 7-45　阳光玫瑰葡萄果穗

三、套袋

套袋时期和方法同无核栽培。

第四节　合理产量

产量是影响葡萄树体生长发育与果实品质的重要因素之一。产量过高不仅造成葡萄果实品质变差，成熟期推迟，而且还会影响植株的生长发育，造成花芽分化差、枝条成熟度低、抗冻性弱、病虫害严重等问题；而产量过低，植株营养生长过旺，也不利于花芽的形成。因此，确定适宜的产量水平对于葡萄生产至关重要。葡萄的产量与品种、气候条件、栽培管理水平等因素有关。

根据 2017 年河南省农业科学院园艺研究所的研究结果（表 7-2），随着产量的增加，阳光玫瑰葡萄单粒重与单穗重均呈现先增大后减小的变化趋势，这与果粒横径的变化趋势一致，其中，产量为 1 250千克／亩处理的单粒重与单穗重最大，分别为 12.40 克和 899.95 克。果实硬度随产量的增加也是呈现先增大后减小的变化趋势，其中，产量为 1 500 千克／亩处理的果实硬度最大，为 0.86 千克／厘米^2。果实的可溶性固形物含量、糖酸比和抗坏血酸含量均随产量的增加而先增大后减小。其中，产量为 1 250 千克／亩处理的果实可溶性固形物含量、糖酸比和抗坏血酸含量均最高，分别为 22.8%、94.0 毫克／千克和 4.6 毫克／千克。果汁可滴定酸含量随产量的增加而先减小后增大，产量为 1 250 千克／亩处理的果汁可滴定酸含量最低，为 0.24%（表 7-2、图 7-46）。

表 7-2　不同产量对成熟期阳光玫瑰葡萄果实品质的影响

品质	低产量 750 千克／亩	中低产量 1 000 千克／亩	中产量 1 250 千克／亩	中高产量 1 500 千克／亩	高产量 1 750 千克／亩	对照 2 000 千克／亩
单粒重／克	11.59 ± 0.66bc	12.20 ± 0.29ab	12.40 ± 0.14a	11.70 ± 0.42bc	11.30 ± 0.59c	11.06 ± 0.51c
单穗重／克	684.47 ± 18.31d	849.36 ± 63.57ab	899.95 ± 29.76a	762.94 ± 35.02bc	731.22 ± 33.66cd	618.94 ± 15.37e
硬度／（千克／厘米^2）	0.76 ± 0.09b	0.77 ± 0.10b	0.79 ± 0.08ab	0.86 ± 0.16a	0.66 ± 0.08c	0.72 ± 0.08bc
可溶性固形物含量／（%）	22.5 ± 0.21a	22.7 ± 0.40a	22.8 ± 0.21a	21.5 ± 0.15b	21.2 ± 0.23b	19.1 ± 0.40c
糖酸比	85.4 ± 0.8c	89.4 ± 0.9b	94.0 ± 1.0a	84.0 ± 1.2c	77.3 ± 1.0d	71.9 ± 1.6e
抗坏血酸含量／（毫克／千克）	2.5 ± 0.1d	3.9 ± 0.1b	4.6 ± 0.1a	3.9 ± 0.1b	3.2 ± 0.1c	2.6 ± 0.1d
可滴定酸含量／（%）	0.26 ± 0.01a	0.25 ± 0.03a	0.24 ± 0.01a	0.25 ± 0.01a	0.27 ± 0.01a	0.28 ± 0.03a
pH	4.874 ± 0.011a	4.798 ± 0.002c	4.772 ± 0.001d	4.770 ± 0.001d	4.713 ± 0.004e	4.839 ± 0.008b

750 千克 / 亩

1 000 千克 / 亩

1 250 千克 / 亩

1 500 千克 / 亩

1 750 千克 / 亩

2 000 千克 / 亩

图 7-46　2017 年不同产量的阳光玫瑰葡萄果穗

不同产量对第二年阳光玫瑰葡萄植株成花率和双花率的影响如图 7-47 所示。随着产量负载量的增加，成花率呈现先增大后减小的变化趋势。其中，产量为 1 000 千克／亩处理的成花率最高，达到 99.1%；其次是 1 500 千克／亩，为 98.7%。萌发新梢的双花率随前一年树体产量的增加而先增大后减小，产量为 1 250 千克／亩处理的双花率最高，为 82.4%；产量为 750 千克／亩处理的双花率最低，为 50.6%，这主要是由于营养生长过旺造成的。

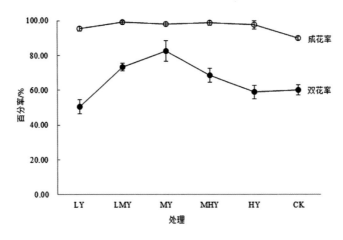

图 7-47　不同产量的阳光玫瑰葡萄第二年的花穗情况

综合果实当年品质和对第二年花芽分化的影响，建议阳光玫瑰合理产量控制在每亩 1 250~1 500 千克。

第八章　阳光玫瑰葡萄病虫害绿色防控

病虫害防治是阳光玫瑰葡萄生产的保证。阳光玫瑰葡萄病虫害种类多，防治困难，掌握病虫害发生规律，做到"预防为主，综合防治"的植保方针，是保障阳光玫瑰葡萄顺利生产的根本。

第一节 病虫害防治原则

阳光玫瑰葡萄抗性较强，生产上常见的病虫害发生种类有日灼病、病毒病、灰霉病、霜霉病、炭疽病、绿盲蝽等。因此，阳光玫瑰葡萄病虫害防治要贯彻"预防为主，综合防治"的植保方针，优先采用农业防治，提倡生物防治、物理防治，必要时按照病虫害的发生规律科学使用化学防治技术。严禁使用国家禁用的农药和未获准登记的农药。采收前20天停止用药。农药使用必须符合NY/T 393—2020的要求（表8-1）。

表 8-1 AA 级和 A 级绿色食品生产均允许使用的农药清单

类别	组分名称	备注
植物和动物来源	楝素（苦楝、印楝等提取物）	杀虫
	天然除虫菊素（除虫菊科植物提取物）	杀虫
	苦参碱及氧化苦参碱（苦参等提取物）	杀虫
	蛇床子素（蛇床子提取物）	杀虫、杀菌
	小檗碱（黄连、黄柏等提取物）	杀菌
	大黄素甲醚（大黄、虎杖等提取物）	杀菌
	乙蒜素（大蒜提取物）	杀菌
	苦皮藤素（苦皮藤提取物）	杀虫
	藜芦碱（百合科藜芦属和喷嚏草属植物提取物）	杀虫
	桉油精（桉树叶提取物）	杀虫
	植物油（如薄荷油、松树油、香菜油、八角茴香油等）	杀虫、杀螨、杀真菌、抑制发芽
	寡聚糖（甲壳素）	杀菌、植物生长调节剂
	天然诱集和杀线虫剂（如万寿菊、孔雀草、芥子油等）	杀线虫
	具有诱杀作用的植物（如香根草等）	杀虫
	植物醋（如食醋、木醋、竹醋等）	杀菌
	菇类蛋白多糖（菇类提取物）	杀菌
	水解蛋白质	引诱
	蜂蜡	保护嫁接和修剪伤口
	明胶	杀虫
	具有驱避作用的植物提取物（大蒜、薄荷、辣椒、花椒、薰衣草、柴胡、艾草、辣根等的提取物）	驱避
	害虫天敌（如寄生蜂、瓢虫、草蛉、捕食螨等）	控制虫害

类别	组分名称	备注
微生物来源	真菌及真菌提取物（白僵菌、轮枝菌、木霉菌、耳霉菌、淡紫拟青霉、金龟子绿僵菌、寡雄腐霉菌等）	杀虫、杀菌、杀线虫
	细菌及细菌提取物（芽孢杆菌类、荧光假单胞杆菌、短稳杆菌等）	杀虫、杀菌
	病毒及病毒提取物（核型多角体病毒、质型多角体病毒、颗粒体病毒等）	杀虫
	多杀霉素、乙基多杀菌素	杀虫
	春雷霉素、多抗霉素、井冈霉素、嘧啶核苷类抗菌素、宁南霉素、申嗪霉素、中生霉素	杀菌
	S- 诱抗素	植物生长调节
生物化学产物	氨基寡糖素、低聚糖素、香菇多糖	杀菌、植物诱抗
	几丁聚糖	杀菌、植物诱抗、植物生长调节
	苄氨基嘌呤、超敏蛋白、赤霉酸、烯腺嘌呤、羟烯腺嘌呤、三十烷醇、乙烯利、吲哚乙酸、吲哚丁酸、芸薹素内酯	植物生长调节
矿物来源	石硫合剂	杀菌、杀虫、杀螨
	铜盐（如波尔多液、氢氧化铜等）	杀菌，每年使用量不能超过6千克/公顷
	氢氧化钙（石灰水）	杀菌、杀虫
	硫黄	杀菌、杀螨、驱避
	高锰酸钾	杀菌，仅用于果树和种子处理
	碳酸氢钾	杀菌
	矿物油	杀虫、杀菌、杀螨
	氯化钙	用于治疗缺钙带来的抗性减弱
	硅藻土	杀虫
	黏土（如斑脱土、珍珠岩、蛭石、沸石等）	杀虫
	硅酸盐（硅酸钠、石英）	驱避
	硫酸铁（3价铁离子）	杀软体动物
其他	二氧化碳	杀虫，用于储存设施
	过氧化物类和含氯类消毒剂（如过氧乙酸、二氧化氯、二氯异氰尿酸钠、三氯异氰尿酸等）	杀菌，用于土壤、培养基质、种子和设施消毒
	乙醇	杀菌
	海盐和盐水	杀菌，仅用于种子（如稻谷等）处理
	软皂（钾肥皂）	杀虫
	松脂酸钠	杀虫

类别	组分名称	备注
其他	乙烯	催熟等
	石英砂	杀菌、杀螨、驱避
	昆虫性信息素	引诱或干扰
	磷酸氢二铵	引诱

注：国家新禁用或列入《限制使用农药名录》的农药自动从该清单中删除。

表 8-2 A 级绿色食品生产允许使用的其他农药清单

杀虫杀螨剂	吡丙醚、吡虫啉、吡蚜酮、虫螨腈、除虫脲、啶虫脒、氟虫脲、氟啶虫胺腈、氟啶虫酰胺、氟铃脲、高效氯氰菊酯、甲氨基阿维菌素苯甲酸盐、甲氰菊酯、甲氧虫酰肼、抗蚜威、喹螨醚、联苯肼酯、硫酰氟、螺虫乙酯、螺螨酯、氯虫苯甲酰胺、灭蝇胺、灭幼脲、氰氟虫腙、噻虫啉、噻虫嗪、噻螨酮、噻嗪酮、杀虫双、杀铃脲、虱螨脲、四聚乙醛、四螨嗪、辛硫磷、溴氰虫酰胺、乙螨唑、茚虫威、唑螨酯
杀菌剂	苯醚甲环唑、吡唑醚菌酯、丙环唑、稻瘟灵、啶酰菌胺、啶氧菌酯、多菌灵、噁霉灵、噁霜灵、噁唑菌酮、粉唑醇、氟吡菌胺、氟吡菌酰胺、氟啶胺、氟环唑、氟菌唑、氟硅唑、氟吗啉、氟酰胺、氟唑环菌胺、腐霉利、咯菌腈、甲基立枯磷、甲基硫菌灵、腈苯唑、腈菌唑、精甲霜灵、克菌丹、喹啉铜、醚菌酯、嘧菌环胺、嘧菌酯、嘧霉胺、棉隆、氰霜唑、氰氨化钙、噻呋酰胺、噻菌灵、噻唑锌、三环唑、三乙膦酸铝、三唑醇、三唑酮、双炔酰菌胺、霜霉威、霜脲氰、威百亩、萎锈灵、肟菌酯、戊唑醇、烯肟菌胺、烯酰吗啉、异菌脲、抑霉唑
除草剂	2甲4氯、氨氯吡啶酸、苄嘧磺隆、丙草胺、丙炔噁草酮、丙炔氟草胺、草铵膦、二甲戊灵、二氯吡啶酸、氟唑磺隆、禾草灵、环嗪酮、磺草酮、甲草胺、精吡氟禾草灵、精喹禾灵、精异丙甲草胺、绿麦隆、氯氟吡氧乙酸（异辛酸）、氯氟吡氧乙酸异辛酯、麦草畏、咪唑喹啉酸、灭草松、氰氟草酯、炔草酯、乳氟禾草灵、噻吩磺隆、双草醚、双氟磺草胺、甜菜安、甜菜宁、五氟磺草胺、烯草酮、烯禾啶、酰嘧磺隆、硝磺草酮、乙氧氟草醚、异丙隆、唑草酮
植物生长调节剂	1-甲基环丙烯、2,4-D（2,4-滴）、矮壮素、氯吡脲、萘乙酸、烯效唑

注：国家新禁用或列入《限制使用农药名录》的农药自动从该清单中删除。

另外，在防治过程中采用前重后保的策略进行，即早期要狠、要重，力求将病虫卵基数压到最低，后期以保护为主。

为生产出优质绿色的果品，阳光玫瑰葡萄病虫害防治采用绿色防控方法，即以促进葡萄果实安全生产、减少化学农药使用量为目标，采取农业防治、生物防治、物理防治等环境友好型措施来控制有害生物的行为。

第二节　病虫害防治方法

一、农业防治

农业防治主要是通过调整和改善阳光玫瑰葡萄生长环境，增强其对病、虫、草害的抵抗能力，或者创造不利于病原菌、害虫和杂草生长发育或传播的条件，达到控制、避免或减轻病、虫、草害，具体方法为加强栽培管理、中耕除草、耕翻晒垡、清洁田园等。

（一）加强管理

①剪除病虫枝，病虫叶，使树体无病虫枝、叶、果，地面无病虫枝残体。②除掉园中无益杂草，园内及时排水。③及时揭除老翘皮（图8-1）。④适当多施磷钾肥和注意配方施肥，防止缺素症。⑤注意防冻。⑥秋季结合施肥深翻树盘，以消灭越冬病虫源。

图8-1　揭葡萄老树皮

（二）清扫果园

葡萄落叶后至萌芽前彻底清扫果园，清除枯枝、落叶、病果，集中深埋或远离处理，降低虫口、病源基数，为翌年防治打下良好基础（图8-2）。

图 8-2　清扫葡萄园

二、物理防治

是利用病、虫对物理因素的反应规律进行病虫害防治。

（一）诱杀法

根据害虫的趋向性，利用黄蓝粘虫板、频振式杀虫灯、糖醋液等物理措施防控白粉虱、灰飞虱、梨木虱、潜叶蝇、实蝇、蚜虫、蓟马、蜡蚧、叶蝉等（图 8-3、图 8-4）。

图 8-3　粘虫板

图 8-4　杀虫灯

（二）捕杀法

利用人工或机械捕杀害虫，如捕杀葡萄天蛾。

（三）高温杀菌

利用病虫卵对温度的不适应性减少病虫害的种群数量，如用 52~54℃的温水浸泡苗木进行苗木消毒。

三、生物防治

利用生物物种间的相互关系，以一种或一类生物抑制另一种或另一类生物，从而降低病、虫和杂草等有害生物的种群密度，或者利用自然界中有益生物的产品防治病虫害的方法，生物防治具有对人畜安全、无药害、无污染环境等优点。生物防治分为以虫治虫、以鸟治虫和以菌治虫三大类。生产上常用的生物防治制剂有芽孢杆菌制剂绿地康 3 号（中国农业大学王琦教授团队研发）、木霉菌制剂、苏云金杆菌制剂等，还有利用捕食螨防治螨虫、瓢虫防治蚧类、赤眼蜂防治叶蝉等方法（图 8-5）。

图 8-5　投放捕食螨

四、化学防治

通过喷洒化学药剂来防治病、虫、草害。按照病虫害防治关键时期用药，推广高效、低毒、低残留、环境友好型农药。使用农药过程中注意轮换使用、交替使用，防止病虫产生抗药性。

阳光玫瑰葡萄生长关键用药时期及防治措施见表 8-3。

表 8-3　阳光玫瑰葡萄病虫害防治

物候期	防治对象	防治措施
萌芽前	黑痘病、炭疽病、短须螨、介壳虫等	在绒球期，温度达 20℃时，用 5 波美度石硫合剂全园喷施，包括枝条、水泥柱、钢丝等
2~3 叶期	绿盲蝽和葡萄螨类	用 4.5% 高效氯氰菊酯水乳剂 1 000 倍液或 1.8% 阿维菌素乳油 3 000 倍液
花序分离期	灰霉病、黑痘病、炭疽病、霜霉病	用 50% 福美双可湿性粉剂 600~800 倍液或 40% 嘧霉胺悬浮剂 1 000 倍液
开花前	灰霉病、白腐病、黑痘病、穗轴褐枯病、蓟马、绿盲蝽等	一般使用 50% 嘧菌酯·福美双可湿性粉剂 1 500 倍液预防。若往年灰霉病发病重可添加 40% 嘧霉胺悬浮剂 800 倍药防治，若白腐病、黑痘病发病重，可添加 37% 苯醚甲环唑 3 000 倍液防治。若蓟马、叶蝉、绿盲蝽发生，用 30% 敌百·啶虫脒 500 倍液防治
谢花后 2~3 天	灰霉病、黑痘病、穗轴褐枯病、蓟马、叶蝉等	若灰霉病发生，用 40% 嘧霉胺悬浮剂 800 倍液防治；若黑痘病发生，用 37% 苯醚甲环唑 3 000 倍液防治；若穗轴褐枯病发生，用 50% 异菌脲可湿性粉剂 1 500 倍液防治；若蓟马、叶蝉、绿盲蝽发生，用 30% 敌百·啶虫脒 500 倍液防治

物候期	防治对象	防治措施
谢花后	灰霉病、黑痘病、炭疽病、霜霉病	30% 吡唑·福美双悬浮剂 600 倍液 +40% 嘧霉胺悬浮剂 800 倍液
套袋前	灰霉病、黑痘病、炭疽病	50% 嘧菌酯 3 000 倍液 +20% 苯醚甲环唑 2 000 倍液 +50% 抑霉唑 3 000 倍液
套袋后到成熟期	炭疽病、白腐病、霜霉病、酸腐病、蚧等	一般使用 3 次药。第一次使用 50% 保倍福美双可湿性粉剂 1 500 倍液；第二次使用 50% 烯酰吗啉 3 000 倍；第三次使用 80% 波尔多液可溶性粉剂 500 倍 + 杀虫剂
采收后到落叶前	霜霉病、褐斑病等	每隔 15 天喷布 1 次含铜制剂，如 80% 波尔多液可溶性粉剂 500 倍液或 30% 氧氯化铜 800 倍液，重点保护叶片；霜霉病发生时，用 50% 烯酰吗啉 2 500 倍液防治；若褐斑病发生，用 37 % 苯醚甲环唑 3 000 倍液防治

需要注意的是套袋前用药非常关键，建议采用浸穗方法，保证每个果粒都能均匀浸到药剂。选择处理果穗药剂的标准是要能够同时兼治多种果实病害和虫害，且对果实安全无药害，药效期长。可选用的药剂有嘧菌酯等。药液晾干后及时套袋。需要注意的是用药液浸穗后最好用手轻轻抖动果穗使过多的药液从果粒上滑落，以免产生药害（图 8-6）。

图 8-6　药害（果粒下面黑色圆圈为药害病斑）

套袋前用药应注意以下几点：

● 不要用乳油类药剂，因为大多数乳油类药剂会影响果粉的形成，因此套袋前不建议使用乳油类药剂。

● 不要用粉剂类药剂，因为大多数粉剂类药剂细度差，容易在果面上形成药斑。

● 尽量不要使用三唑类杀菌剂，因为这种药剂会抑制果粒膨大，如丙环唑、戊唑醇、己唑醇、腈菌唑等。

● 要用防治病害种类多的药，减少混用的药剂种类，避免因为药剂混用而可能产生的化学反应。目前市场上的药剂中甲氧基丙烯酸酯类的杀菌剂是防治病害种类最多的药剂，如嘧菌酯、苯甲·嘧菌酯等药物。

● 要用药效期长的药剂，此次用药需要坚持到果实成熟，市场上有效期较长的药剂还是甲氧基丙烯酸酯类的杀菌剂。

第三节　阳光玫瑰葡萄病虫害种类与防治

一、生理性病害

生理性病害是由非生物因素即不适宜的环境条件引起的病害，这类病害没有病原物的侵染，不能在植物个体间互相传染，所以也称非传染性病害。造成生理性病害的因素包括气象因素（温度过高或过低、雨水失调、光照过强、过弱等）、营养元素失调（氮、磷、钾、钙及其他微量元素过多或过少）、有害物质因素（土壤含盐量过高、pH过大或过小）、药害、大气污染等。

（一）生理性病害特点

①突发性。即病害在发病时间上比较一致，往往有突然发生的现象，病斑的形状、大小、色泽较为固定。②普遍性。即成片、成块普遍发生，常与温度、湿度、光照、土质、水、肥、废气、废液等特殊条件有关，因此，无发病中心，相邻植株的病情差异不大，甚至附近某些不同的作物或杂草也会表现类似的症状。③散发性。多数是整个植株呈现病状，且在不同植株上的分布比较有规律，若采取相应的措施改变环境条件，植株一般可以恢复健康。生理性病害只有病状没有病征。

（二）防治措施

加强土、肥、水的管理，平衡施肥，增施有机肥料；及时除草，勤松土；合理控制单株果实负载量，增加叶果比。在平衡施肥上，生长前期要注意追施速效氮肥，在果实成熟前要控制施用氮肥，采收后及时追施速效氮肥增强后期叶片的光合作用，对树体养分积累和花芽分化有良好的作用。

（三）经常发生的生理性病害

阳光玫瑰葡萄经常发生的生理性病害有气灼病、日灼病、果锈病，生产上还会发生缺素症、药害、冻害、雹害等生理性病害。

1. 气灼病 通常是在连续阴雨、田间湿度大时突然转为高温晴热天气，而引起果实生理性水分失调。果实气灼最初表现为果皮失水、凹陷，出现褐色小斑点，之后迅速扩大为大面积病斑，严重时病斑形成干疤或果粒形成干果（图8-7、图8-8）。

防治措施：①培育壮根。②保证水分供应。③保持土壤通透性好。④合理调整叶果比例。⑤高温时间段不要喷药。⑥避免在高温时间段疏果。

图8-7　阳光玫瑰葡萄气灼病初期症状　　　　图8-8　阳光玫瑰葡萄气灼病中后期症状

2. 日灼病 也叫日烧病，是由于太阳紫外线、强光直射造成的灼伤，常发生在果实和叶片。果实日灼的发生是在烈日下，果皮表面温度过高，表皮组织细胞膜透性增加，水分过度蒸腾，而导致表皮坏死形成褐色斑块。发病初期在受害果粒表面出现灰白色斑（图8-9），随着果面温度升高，颜色逐渐变褐（图8-10），严重时，果实出现皱缩现象，并有果梗发展至分穗的穗轴干枯（图8-11）。阳光玫瑰葡萄果皮较薄，很容易发生日灼病，发生时期主要为幼果快速膨大期，由于此时期果实内含物主要是水分，如果遇到太阳紫外线、强光直射，表皮组织细胞膜透性增加，水分过度蒸腾，从而造成灼伤。叶片日灼可以发生在生长季节的任何高温强光时候（图8-12）。

防治日灼病的办法：①选择合适架型，如高宽平架式、高宽垂架式和平棚架（图8-13）等，可以用叶片遮挡直射光照射果实，减轻日灼病发生。②保留叶片遮挡，保留果穗附近的副梢2~3片叶遮挡直射光的照射（图8-14）。③喷灌降低气温（图8-15）。④生草调节气温和地温（图8-16）。⑤套伞袋（图8-17）。⑥遮阳网遮挡边行果穗（图8-18、图8-19）。

图 8-9　阳光玫瑰葡萄果实日灼病初期症状（果面灰白色斑）　图 8-10　阳光玫瑰葡萄果实日灼病症状（果粒上褐色斑块）

图 8-11　阳光玫瑰葡萄果实日灼病症状（果皮皱缩）　　　　图 8-12　阳光玫瑰葡萄叶片日灼症状

图 8-13　平棚架叶片遮挡减少太阳光直射果实

图 8-14　保留果穗附近叶片副梢 2~3 片叶遮挡太阳光直射果实

图 8-15　喷水降温防治果实日灼病

图 8-16　自然生草降温防治果实日灼病

图 8-17 套伞袋减少太阳光直射果实

图 8-18 树行南侧搭建遮阳网降温、减少太阳光直射果实

图 8-19 树行两侧搭建遮阳网降温、减少太阳光直射果实

3. 果锈病 阳光玫瑰葡萄在成熟期会出现果锈症状，甚至在个别园中几乎所有果穗上均会发生，这在第一年结果的植株上表现更为明显，成为降低果实商品性的重要原因。该症表现为在果实表面形成条状或不规则状锈斑，严重时连成片，致使果实表皮形成木栓化组织，形成锈果（图8-20~图8-25）。

图8-20　阳光玫瑰葡萄轻度果锈果粒　　图8-21　阳光玫瑰葡萄中度果锈果粒　　图8-22　阳光玫瑰葡萄重度果锈果粒

图8-23　阳光玫瑰葡萄果穗发生轻度果锈症状　　　　图8-24　阳光玫瑰葡萄果穗发生中度果锈症状

图 8-25　阳光玫瑰葡萄果穗发生重度果锈症状

造成阳光玫瑰葡萄果锈发生的因素有很多，如遗传、气候、施肥、机械损伤、用药不当、产量负载等。近年来，河南省农业科学院园艺研究所针对阳光玫瑰葡萄果锈发生规律进行调查研究，现将调查结果与防治建议总结如下。

1）果袋颜色　随着果实的成熟，果锈发生率越高，果袋颜色越深，阳光玫瑰葡萄果锈发生率越低（表 8-4、图 8-26、图 8-27）。果实成熟期越晚，黑色果袋的果实表面会出现微裂痕（图 8-28）。因此，建议生产上使用绿色或蓝色果袋来降低阳光玫瑰葡萄果锈发生。

表 8-4　阳光玫瑰葡萄使用不同颜色果袋的果锈发生率

栽培模式	架式	调查日期	白色（%）	透明（%）	绿色（%）	蓝色（%）	深蓝色（%）	黑色（%）
简易避雨	高宽垂架（7 年生）	8 月 16 日	3.3 a	–	1.6 a	1.0 ab	1.4 ab	0.0 b
		8 月 28 日	5.1 a	–	2.3 bc	2.7 ab	2.2 bc	0.1 c
		9 月 11 日	9.1 a	–	6.2 a	7.1 a	6.1 a	1.5 b
连栋大棚	平棚架（3 年生）	8 月 7 日	1.5 b	7.3 a	2.3 b	2.1 b	0.7 b	0.7 b
		8 月 21 日	2.39 bc	11.8 a	3.9 b	2.3 bc	0.5 c	1.9 bc
		9 月 5 日	7.7 b	14.6 a	4.0 b	6.2 b	4.4 b	6.2 b

注：同一天调查的数据标有不同字母表示不同颜色果袋处理之间差异显著（$P < 0.05$）

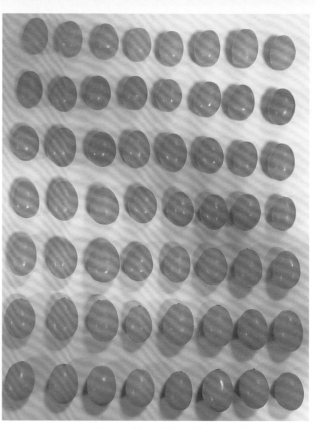

图 8-26　避雨栽培条件下套不同颜色果袋的果粒外观
（从上到下依次是绿色 1、蓝色、绿色 2、
深蓝色、黑色、白色）

图 8-27　连栋大棚栽培条件下套不同颜色果袋的果粒外观
（从上到下依次是透明、绿色 1、绿色 2、蓝色、
深蓝色、黑色、白色）

图 8-28　套黑色果袋的阳光玫瑰葡萄果实果皮上出现微裂痕

2）植物生长调节剂　调查发现植物生长调节剂处理会显著降低阳光玫瑰葡萄成熟期的果锈发生率，在赤霉素中添加氯吡苯脲或噻苯隆均会进一步降低阳光玫瑰葡萄果锈发生率，且随着氯吡苯脲浓度的增加，阳光玫瑰葡萄果实果锈发生率逐渐降低，而随着噻苯隆浓度的增加，阳光玫瑰葡萄果实果锈发生率却增加，且噻苯隆在降低果锈发生的效果上较氯吡苯脲好（图8-29~图8-33）。因此，阳光玫瑰葡萄生产上建议进行无核化处理。

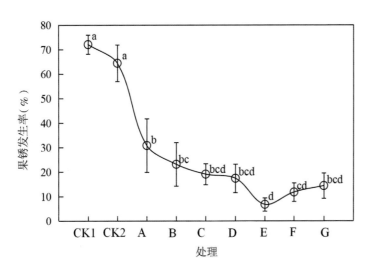

第一次处理（盛花后2天），CK₁、CK₂：清水；A：25毫克/升赤霉素；B：25毫克/升赤霉素+2.5毫克/升氯吡苯脲；C：25毫克/升赤霉素+5毫克/升氯吡苯脲；D：25毫克/升赤霉素+10毫克/升氯吡苯脲；E：25毫克/升赤霉素+2.5毫克/升噻苯隆；F：25毫克/升赤霉素+5毫克/升噻苯隆；G：25毫克/升赤霉素+10毫克/升噻苯隆。第二次处理（第一次处理后2周），对照1：清水；其他处理：25毫克/升赤霉素。

图 8-29　不同植物生长调节剂处理对阳光玫瑰葡萄果锈发生率的影响

图 8-30　不进行无核化处理的阳光玫瑰葡萄果穗上果锈发生严重

图 8-31　只用赤霉素进行无核化处理的阳光玫瑰葡萄果穗上果锈发生减轻

图 8-32　使用赤霉素＋氯吡脲进行无核化处理的阳光玫瑰葡萄果穗上果锈发生减轻

图 8-33　使用赤霉素 + 噻苯隆进行无核化处理的阳光玫瑰葡萄果穗上果锈发生减轻

3）产量　产量也是影响阳光玫瑰葡萄果锈发生的一个因素，随着产量的增加，阳光玫瑰葡萄果锈发生率呈现先降低后升高的变化趋势（图 8-34），其中，1 500 千克 / 亩的产量下阳光玫瑰葡萄果锈发生率最低，因此，建议阳光玫瑰葡萄生产上进行适当控产。

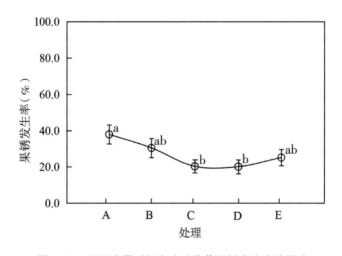

图 8-34　不同产量对阳光玫瑰葡萄果锈发生率的影响

A.750 千克 / 亩　　B.1 000 千克 / 亩　　C.1 500 千克 / 亩　　D.2 000 千克 / 亩　　E.2 500 千克 / 亩

4）施肥　根据日本岛根农技研报（2013）的调查结果，阳光玫瑰葡萄果锈发生较重的园子土壤中无机态氮素（特别是高硝态氮含量）和交换性盐基含量较高，且果皮中的高氮低钙含量也会促进果锈的发生。我们的调查也发现增施钙肥在一定程度上可以降低阳光玫瑰葡萄的果锈发生率，而氮肥过多则会促进阳光玫瑰葡萄果锈的发生（表8-5）。因此，生产上应控制好氮肥与钙肥的施肥比例，切不可盲目施肥。

表 8-5　不同施肥处理对阳光玫瑰葡萄果锈发生率的影响

调查日期	高钙高氮（%）	高钙低氮（%）	中钙中氮（%）	低钙高氮（%）	CK（%）
9月13日	18.9	13.7	18.9	17.8	22.1

5）果实糖度　有研究者认为阳光玫瑰葡萄果锈的发生是在果实糖度达到一定程度后才发生的。我们在生产上也会发现，发生果锈的果实一般较甜。根据调查，果实糖度达到16.7%时便会发生果锈，且果锈发生越严重，果实可溶性固形物含量越高（表8-6）。但是果实可溶性固形物含量较高的果实并不一定会发生果锈，如有些果实可溶性固形物达到22%以上，也没有果锈发生。

表 8-6　不同果锈等级的阳光玫瑰果实的可溶性固形物含量

果锈等级	0	1	2	3	4	5
可溶性固形物含量（%）	17.7	19.7	20.4	20.7	20.2	21.0

注：0代表没有果锈，从1至5果锈程度越来越高。

6）挂树时间　随着果实的成熟，阳光玫瑰葡萄果锈发生率越来越高。但9月中旬以后阳光玫瑰葡萄的果锈发生率趋于稳定。因此，建议阳光玫瑰葡萄在糖度达到18%以后，及时采收，从而降低果锈的发生。如果遇到市场不景气，可以适当延迟采收，此时建议将成熟度较高的果穗先进行采摘销售，留1/4~1/3的挂果量延迟采收。

7）树龄、树势　阳光玫瑰葡萄果锈发生与树龄和树势有关，一般2~3年生结果植株树势较弱，果锈发生较严重（图8-35）。随着树龄的增长，树势越来越强壮，果锈发生越来越少（图8-36、图8-37）。因此，培养壮树是生产优质阳光玫瑰的前提。

图 8-35　一年生阳光玫瑰葡萄植株上果锈发生较严重

图 8-36　三年生阳光玫瑰葡萄植株上果锈发生减少

图 8-37　七年生阳光玫瑰葡萄植株上果锈发生较轻

8）新梢生长量　新梢生长量与果锈发生率之间也存在一定关系，新梢基部直径越小、新梢叶面积特别是副梢叶面积越小，果锈发生越严重。因此，生产上建议阳光玫瑰葡萄多留副梢，尤其是果穗对面及上、下部叶片均保留2~3片叶的副梢，这样一方面可以遮挡光照，降低果穗接收的光照强度，另一方面保留副梢也可以减少果实膨大期日灼发生（图8-14）。

9）果粒大小　果粒大小也会影响阳光玫瑰葡萄果锈发生。在一串葡萄上，果锈往往发生在果粒较小的果实上（图8-38）。另外，不进行植物生长调节剂处理的果实，果粒较小，果锈发生较严重；而植物生长调节剂处理后，果粒较大，果锈发生较少。因此，建议生产上阳光玫瑰进行无核膨大处理。

图8-38　阳光玫瑰葡萄果穗上小果粒果锈严重（图中红圈标记果粒）

另外，果锈的发生还与表皮受到机械损伤、空气相对湿度、温度等因素有关，因此，果实软化期后，尽量不要触碰果实，减少机械损伤（图8-39）。

图8-39　由于去袋磨损果皮造成果锈发生

（四）缺铁症

新梢上的嫩叶最先表现症状，叶片变为淡黄色或黄白色，仅沿叶脉的两侧残留一些绿色，严重时发生不规则的坏死斑，幼叶由上而下逐渐干枯、脱落（图 8-40~ 图 8-42）。该症主要发生在土壤黏重、排水不良、有机质含量低、偏盐碱化土壤的植株上。

防治措施：①加强土壤管理，多施有机肥，防治土壤盐碱化和过分黏重。②土壤施铁，发病严重的葡萄园，可以用螯合铁（如 EDDHA-Fe 效果较好）灌根。③叶片施肥，用柠檬酸铁或黄腐酸铁等喷洒叶片，使用次数根据病情而定。

图 8-40　阳光玫瑰葡萄叶片缺铁症状

图 8-41　阳光玫瑰葡萄新梢缺铁症状

图 8-42　阳光玫瑰葡萄整株缺铁症状

（五）霜冻

　　霜冻是葡萄生产中常见的自然灾害，每年都有不同程度的发生。按发生时间分为春霜冻和秋霜冻。春霜冻又称晚霜冻（图8-43），春季最晚的一次霜冻称终霜冻。秋霜冻又称早霜冻，秋季最早出现的一次霜冻称初霜冻。

　　预防霜冻对葡萄生产造成灾害的措施有多种方法，除通过选择适宜种植地区，营造防护林、选用抗逆性强的砧木品种等重要栽培技术措施外，还可以通过人们主动采取措施进行人工防霜，改变易于形成霜冻的温度条件，保护葡萄不受其害，如灌水法、喷水法、遮盖法、霜冻前喷施防冻剂（如碧护、抗氧化剂类、氨基酸类、芸苔素内酯等防冻剂）、加热法、熏烟法等。

图 8-43　新梢冻害（由晚霜冻造成）

（六）其他生理性病害

　　阳光玫瑰葡萄生产上还会发生裂果（图8-44）、冰雹危害（图8-45）及不适当的栽培措施，如套无纺布袋（8-46）造成的生理性病害。

图 8-44 裂果

图 8-45 冰雹危害果实

图 8-46 无纺布袋危害果实（左侧果实为危害症状、右侧果实为正常果穗）

二、病理性病害

是由病原生物引起的侵染性病害,按病原物种类分为真菌性病害、细菌性病害和病毒性病害等。

(一)真菌性病害

是由病原真菌引起的病害,阳光玫瑰葡萄常见的真菌性病害有炭疽病(图8-47、图8-48)、灰霉病(图8-49、图8-50)、穗轴褐枯病(图8-51)、酸腐病(8-52)、白腐病(图8-53、图8-54)、霜霉病(图8-55、图8-56)、黑痘病(图8-57)、白粉病(图8-58)等,这些病害在田间主要通过气流、水流、人员操作等途径传播,还有通过风、雨、昆虫传播。真菌性病害的症状与真菌的分类有密切关系,具体症状见表8-7。

防治措施:①合理施肥、及时灌水排水、适度整枝打杈,提高树体抗病能力。②清除病株、病部。③化学药剂防治,包括保护性药剂(波尔多液等)和治疗性药剂(烯酰吗啉、苯醚甲环唑等)),每种病害具体防治药剂见表8-7。

表8-7 常见真菌性病害与防治

种类	发病部位	症状	发病时期和条件	防治药剂
炭疽病	果实、叶片	初侵染时出现褐色小圆斑点,逐渐扩大并凹陷,随后病斑上产生同心轮纹状的分生孢子	时期:开花前后侵染,成熟期表现症状 条件:阴雨天气、高湿	保护性药剂:嘧菌酯·福美双、吡唑·福美双 治疗性药剂:苯醚甲环唑、戊唑醇、溴菌清等
灰霉病	花序、果穗、新梢、叶片	灰色霉层	时期:花期前后、成熟期 条件:凉爽、潮湿多雨天气	保护性药剂:嘧菌酯·福美双、腐霉利、异菌脲等 治疗性药剂:抑霉唑、啶酰菌胺等
穗轴褐枯病	幼嫩的花蕾、穗轴、幼果	穗轴干枯	时期:开花前后 条件:低温多雨天气	保护性药剂:嘧菌酯·福美双 治疗性药剂:戊唑醇、苯醚甲环唑胺等
酸腐病	果实	综合性病害,由醋酸菌、酵母菌及果蝇共同危害。烂果,如果是套袋葡萄,在果袋的下方有一片深色的湿润(习惯称为尿袋)。有醋蝇出现在烂果穗周围,有醋酸味	时期:果实成熟期 条件:由伤口处侵染发病,醋蝇传播	防止裂果、鸟害 药剂:波尔多液+灭蝇胺
白腐病	果粒、穗轴、枝蔓、叶片	果粒灰白色软腐;枝蔓病斑周围肿状,皮层与木质部呈丝状纵裂;叶片从叶尖、叶缘开始呈轮纹状病斑。病斑上生灰白色小粒点	时期:软化期前后 条件:冰雹或连阴雨后的高湿条件	保护性药剂:嘧菌酯·福美双 治疗性药剂:苯醚甲环唑、戊唑醇、烯唑醇、乙蒜素等

种类	发病部位	症状	发病时期和条件	防治药剂
霜霉病	叶片、新梢、叶柄、果实	叶片背面呈白色霜状霉层	时期：以葡萄生长中后期为主发病 条件：多雨、潮湿、高温	保护性药剂：波尔多液、嘧菌酯·福美双 治疗性药剂：烯酰吗啉、甲霜灵等
黑痘病	新梢、新叶、幼果等幼嫩组织	病斑稍凹陷，边缘深褐色，中央灰白色	时期：生长前期和中期 条件：长期多雨高湿	保护性药剂：波尔多液、嘧菌酯·福美双 治疗性药剂：苯醚甲环唑、氟硅唑、戊唑醇等
白粉病	叶片、果实、新梢	病斑上产生灰白色粉状物	时期：整个生长阶段 条件：设施栽培、高温干燥、闷热、通风透光差	保护性药剂：硫制剂 治疗性药剂：苯醚甲环唑、嘧菌酯、烯唑醇等

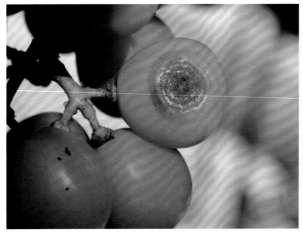

图 8-47　果实炭疽病中期症状

图 8-48　果实炭疽病后期症状

图 8-49　花序灰霉病症状

图 8-50　果实裂果 + 灰霉病症状

图 8-51　穗轴褐枯病症状

图 8-52　果实酸腐病 + 鸟害症状

图 8-53　果实白腐病早期症状

图 8-54　果实白腐病后期症状

图 8-55　叶片背面霜霉病症状

图 8-56　叶片正面霜霉病症状

图 8-57　叶片、枝条黑痘病症状

图 8-58　叶片白粉病症状

（二）细菌性病害

是由病原细菌侵染所致的病害，如酸腐病（醋酸菌）（图8-52）、根癌病（图8-59、图8-60）等。细菌性病害表现为萎蔫、腐烂、穿孔等，发病后期遇到雨水会在病害部位溢出黏液。与真菌性病害症状区别是没有霉状物。

防治措施：①培养壮树。②防治药剂有中生霉素、新植霉素等生物制剂（表8-8）。

表8-8 阳光玫瑰常见真菌性病害与防治

种类	发病部位	症状	发病时期和条件	防治药剂
酸腐病	果实	见表8-7	见表8-7	见表8-7
根癌病	根部、根茎部、老蔓	发病部位呈肿瘤状	一般5月下旬开始发病，6月下旬至8月为高发期 条件：重茬地、嫁接、农事操作、冻伤等	防治药剂：络氨铜、MI15农杆菌素、ET6生防菌素等

图8-59 根癌病症状　　　　图8-60 根癌病症状

（三）病毒性病害

病毒性病害是阳光玫瑰葡萄的典型病害，表现为嫩叶和嫩梢畸形，叶片小、扭曲变形、卷叶、花叶、斑点等，生长缓慢（图8-61~图8-63）。

病毒病在幼苗和多年生植株上均会发生（图8-64~图8-67）。在幼苗上发生病毒病时，依据症状严重程度可直接挖除苗木，及时进行更换；症状轻的可以将病毒严重的新梢部分或叶片摘除或减掉，加强肥水管理，使副梢重新萌发。还有建园时采用脱毒苗木或二年生及以上大苗定植，可以显著降低病毒病的发生。

图 8-61　病毒病叶片卷曲变形症状

图 8-62　病毒病叶片卷曲畸形、花叶、斑点症状

图 8-63　病毒病叶片畸形症状

图 8-64　发生病毒病的幼苗症状

图 8-65　阳光玫瑰葡萄新梢病毒病生长缓慢

图 8-66　发生病毒病的多年生阳光玫瑰葡萄叶片畸形、扭曲

图 8-67　发生病毒病的多年生阳光玫瑰葡萄新梢叶片黄花、叶缘畸形

　　根据国家葡萄产业技术体系病毒病防控岗位团队的鉴定，有病毒症状的阳光玫瑰葡萄植株能够检测到8种病毒，没有病毒症状的植株也能检测到3种病毒，说明在树体健壮的情况下，病毒病表现不明显。因此，培养壮树是克服病毒病的重要措施之一。另外，一些栽培措施不当，如干旱（图 8-68）、高温、负载量过大、果实挂树时间过长等，均会造成阳光玫瑰葡萄病毒病的发生，因此，生产上应注意加强肥水管理，控制合适负载量，成熟后挂树时间和挂果量不可过长或过多。

图 8-68　土壤过度干旱造成幼苗病毒病症状

三、虫害

（一）虫害种类

在我国，危害葡萄的害虫有130多种，根据危害部位不同，可以分为：

1. **叶部害虫**　绿盲蝽、金龟子、烟蓟马、葡萄虎蛾，各种叶甲、象甲、金龟子等。

2. **枝蔓害虫**　透翅蛾、蚧类、斑衣蜡蝉、虎天牛、葡萄小蠹、象甲等。

3. **花序和幼叶害虫**　绿盲蝽、金龟子等。

4. **果实害虫**　白星花金龟、棉铃虫、甜菜夜蛾等。

5. **根部害虫**　根瘤蚜、蛴螬、叶甲幼虫等。

（二）防治措施

1. **农业防治**　选择抗虫或耐虫的葡萄品种、砧木，培养壮树，适时修剪，及时中耕松土，科学施肥，及时排涝抗旱等。

2. **物理防治**　①捕杀法。利用人力和一些简单的器械，消灭各发育阶段的害虫，如割取枝干上的卵块，刷除枝干或叶面上的介壳虫；振落捕杀具有假死性的害虫，如人工捕杀天牛等。②诱杀法。利用害虫的趋光性、嗜好物和某些雌性昆虫性腺的分泌物等进行诱杀。③烧杀法。冬季搜集枯枝、落叶、杂草及病虫群集的枝叶等进行烧杀，直接杀死虫卵、幼虫、蛹及成虫等。

3. **化学防治**　使用化学农药防治害虫的方法。在采用化学药剂防治害虫时，应严格按照技术要求操作，农药种类、浓度要准确，喷药要细致周到，不可漏喷。

4. **生物防治**　①捕食性生物，包括草蛉氟虫、步行虫以及许多食虫益鸟等。②寄生性生物，包括寄生蜂、寄生蝇等，还有病原微生物，包括苏云金杆菌、白僵菌等。

生产上，常见危害阳光玫瑰葡萄的害虫有绿盲蝽、蓟马、棉铃虫、螨类、甜菜夜蛾等（表8-9，图8-69~图8-79）。

表8-9　阳光玫瑰常见害虫与防治

种类	危害部位	危害时期	防治药剂
绿盲蝽	幼芽、嫩叶、花蕾、幼果	时期：早春萌芽后到6月初	吡虫啉、溴氰菊酯、高效氯氰菊酯等
蓟马	嫩叶、幼果、枝蔓、新梢	初花期到落叶前	高效氯氟氰菊酯、溴氰菊酯、吡虫啉等
棉铃虫	果实、叶片	果实生长期	苏云金芽孢杆菌+阿维菌素、甲氨基阿维菌素、苯甲酸盐等
甜菜夜蛾	嫩叶、果实	7~8月	苏云金杆菌、甲维氟铃脲、阿维灭幼脲、氯虫苯甲酰胺、虫螨腈等
蚜虫	花蕾、幼果、嫩梢、嫩叶	开花前后	吡虫啉、啶虫脒、高效氯氟氰菊酯、溴氰菊酯等
螨类	果实、叶片	发芽后到落叶前	阿维菌素、螺螨酯、克螨特等
斑衣蜡蝉	新梢、嫩叶	春天新梢快速生长期	高效氯氟氰菊酯、溴氰菊酯等

图 8-69　绿盲蝽危害葡萄叶片症状

图 8-70　绿盲蝽危害葡萄果实症状

图 8-71　蓟马危害果实症状

图 8-72　螨类危害果梗症状

图 8-73　葡萄红蜘蛛（葡萄短须螨）危害叶片症状

图 8-74　葡萄缺节瘿螨危害叶片正面症状（毛毡病）

图 8-75　葡萄缺节瘿螨危害叶片背面症状（毛毡病）

图 8-76　棉铃虫危害果实症状

图 8-77　甜菜夜蛾危害叶片症状

图 8-78　蚜虫危害嫩梢症状

图 8-79　斑衣蜡蝉危害叶片症状

四、鸟害

在葡萄生长季，经常出现鸟类对葡萄嫩叶、嫩枝、花序和果实进行啄食的现象（图 8-80）。鸟害极易造成葡萄商品率下降，并诱发蜂、蝇、酸腐病等次生病虫害的发生。

图 8-80　鸟类啄食葡萄果实症状

防治措施：搭建防鸟网（图 8-81），悬挂驱鸟剂等。

图 8-81 搭建防鸟网防治鸟害

第九章 阳光玫瑰葡萄采收、储藏及保鲜

　　葡萄采收后销售是目的，采收的阳光玫瑰葡萄果实要达到成熟标准。阳光玫瑰葡萄成熟后挂树时间长，且耐冷库储藏，因此，为了缓解葡萄集中成熟上市的销售压力，采用挂树保鲜和冷库储藏保鲜，使其效益最大化，是阳光玫瑰葡萄成熟后的较好选择。

第一节　采收

在河南郑州地区的避雨栽培条件下，阳光玫瑰葡萄一般在8月下旬至9月成熟。由于阳光玫瑰葡萄成熟后容易发生果锈，且随着成熟度的增加，果锈发生率也会在一定程度上逐渐增加。因此，建议成熟后及时采收销售。对于销往外地、需要远途运输的果实，成熟度不宜过高；对于观光采摘园，可以等果实充分成熟后再销售，此时果实风味更佳。如果遇到果实集中成熟、当地市场不景气的情况，可以适当延迟采收。阳光玫瑰葡萄成熟后可以较长时间挂树，并且能够保持良好的风味和不落粒，但是不建议较长时间的挂树销售，因为挂树时间过长不但影响树体安全越冬，而且还会影响第二年的产量。

无论上述哪种情况采收，采收的基本标准为：果面呈透亮黄绿色，果香浓郁，可溶性固形物含量达18%以上，程大伟等（2018）对成熟期阳光玫瑰葡萄果实质量进行分级（表9-1）：

表9-1　阳光玫瑰葡萄果实质量等级

项目名称		等级		
		一级	二级	三级
感官	基本要求	果穗圆柱形，整齐，松紧适中，充分成熟。果面洁净，无异味，无非正常外来水分。果粒大小均匀，果形端正。果梗新鲜完整。果肉硬脆、香甜，具有玫瑰香味		
	果穗（粒）色泽	单粒90%以上的果面达到黄绿色或绿色		
	有明显瑕疵的果粒（粒/千克）	≤ 2		
	有机械伤害的果粒（粒/千克）	≤ 2		
	有二氧化硫伤害的果粒（粒/千克）	≤ 2		
理化性状	果穗质量（克）	600~900	500~1 000	< 500，> 1000
	果粒质量（克）	≥ 12.0	≥ 10.0	< 10.0
	可溶性固形物含量（%）	≥ 18	≥ 17	< 17
	总酸（%）	≤ 0.5	≤ 0.6	≤ 0.6

注：明显瑕疵指影响葡萄果粒外观质量的果面缺陷，包括伤疤、日灼、果锈、裂果、药斑及泥土等；机械伤指影响葡萄果实外观的刺伤、碰伤和压伤等；二氧化硫伤是指葡萄在储存期间因高浓度二氧化硫产生的果皮漂白伤害。

图 9-1　阳光玫瑰葡萄一级果穗

绿色食品葡萄农药残留限量应符合食品安全国家标准及相关规定（表 9-2）：

表 9-2　绿色食品葡萄农药残留限量（NY/T 844—2017）

名称	限值
氧乐果（毫克 / 千克）	≤ 0.01
克百威（毫克 / 千克）	≤ 0.01
敌敌畏（毫克 / 千克）	≤ 0.01
溴氰菊酯（毫克 / 千克）	≤ 0.01
氰戊菊酯（毫克 / 千克）	≤ 0.01
苯醚甲环唑（毫克 / 千克）	≤ 0.01
百菌清（毫克 / 千克）	≤ 0.01
氯氰菊酯（毫克 / 千克）	≤ 0.2
氯氟氰菊酯（毫克 / 千克）	≤ 0.2
多菌灵（毫克 / 千克）	≤ 2
烯酰吗啉（毫克 / 千克）	≤ 2

第二节　分级、包装及运输

一、分级、包装

在阳光玫瑰葡萄销售时，大小不同的果穗放在一起会影响果实的观感，降低销售价格，因此要对果穗进行分级，使果品在市场上更有竞争力，获得较高的销售价格。

阳光玫瑰葡萄果穗的基本要求是：果穗完整、洁净、无病虫害、发育良好、不腐烂、不发霉、无异味。果粒的基本要求是：果实发育充分成熟、果形正、果蒂部不皱皮等。

为了提高阳光玫瑰葡萄果穗等级，使果品档次得到提高，以获得良好的销售价格，果穗在分级之前要进行修整，以达到外观整齐美观。修整果穗的主要工作是把果穗中与整体不够协调的小果粒、青果粒、病虫果粒、裂果粒等去除，对果穗整形中没有去除的副穗或歧肩等进行修饰、美化（图9-2、图9-3）。果穗修整之后将大小、颜色均基本一致的果穗放在一起，包装在一个箱中。

阳光玫瑰葡萄包装箱一般以单层为好，高档果品要进行单穗包装，根据包装箱大小，最好每箱固定一定的果穗数量（图9-4、图9-5）。

图9-2　阳光玫瑰葡萄采摘修整果穗前

图 9-3　修整果穗

图 9-4　阳光玫瑰葡萄单穗包装

图 9-5　阳光玫瑰葡萄三穗包装

二、运输

需要长距离运输的阳光玫瑰葡萄必须首先进行预冷，在短时间内把温度降到5℃，以利于运输。存放在阴凉、通风、洁清的地方，严防日晒、雨淋、冻害及有毒物和病虫危害。

随着快递物流产业的发展，葡萄专用的快递包装不断涌出，效果较好的一种是充气包装，另一种是真空压缩包装（图9-6、图9-7）。

图9-6　充气快递包装

图9-7　真空压缩快递包装

河南省农业科学院园艺研究所经过连续两年的挂树试验研究表明，阳光玫瑰葡萄不同挂果量对果实失水、品质变化、树体营养积累有不同影响。因此，在生产上，如果遇到销售市场不景气，可以先挑选部分成熟度较高的果穗进行采摘销售，剩余的果穗可以适当挂树延迟采收，待国庆节之后价格有所回升后再进行销售，此部分留到树上的果实宜套绿色或蓝色果袋，延迟果实成熟，但最晚采收时间不要超过10月底，因为此时果粒会软化、变黄，失去商品价值（图9-8）。

日期	A	B	C	D
2019 年 9 月 16 日	 果穗外观良好	 果穗外观良好	 果穗外观良好	 果穗外观良好
2019 年 9 月 24 日	 果穗外观良好	 果穗外观良好	 果穗外观良好	 果穗外观良好
2019 年 10 月 9 日	 果穗外观良好	 果穗外观良好	 果穗外观良好	 果穗外观良好
2019 年 10 月 19 日	 果穗外观良好	 果穗外观良好	 果穗外观良好	 果穗外观良好

日期	A	B	C	D
2019 年 10 月 29 日	 果穗外观良好	 果穗外观良好	 果穗外观良好	 果穗外观良好
2019 年 11 月 9 日	 果粒变黄	 果粒变黄	 果粒变黄	 果粒变黄
2019 年 11 月 19 日	 果粒变黄	 果粒变黄	 果粒变黄	 果粒变黄
2019 年 11 月 29 日	 果粒变黄	 果粒变黄	 果粒变黄	 果粒变黄

图 9-8　阳光玫瑰葡萄不同挂树时间的果实外观变化

A、B、C、D 四个处理的挂树量分别是 1 400 千克 / 亩、900 千克 / 亩、550 千克 / 亩和 400 千克 / 亩，即每个新梢留 1 串果穗，2 个新梢留 1 串果穗，3 个新梢留 1 串果穗，4 个新梢留 1 串果穗。

第三节　冷库储藏

阳光玫瑰葡萄不易落粒，储藏性好。河南省农业科学院园艺研究所通过与国家农产品保鲜工程技术研究中心合作开展阳光玫瑰葡萄储藏保鲜试验，结果表明通过二氧化硫熏蒸 +CT2 保鲜剂配合使用能够有效延长阳光玫瑰葡萄保鲜期达 4 个月左右，在储藏过程中，果实外观品质基本没有变化，落粒和腐烂现象不明显，果实硬度、香味、可溶性固形物、抗坏血酸含量略有下降，综合商品性状良好（图9-9）。

储藏后时间	二氧化硫熏蒸 +CT2 保鲜剂	CT2 保鲜剂	对照
0 天	果穗外观良好	果穗外观良好	果穗外观良好
30 天	果穗外观良好	果穗外观良好	果穗外观良好
60 天	果穗外观良好	果穗外观良好	个别果穗上出现少量烂果

储藏后时间	二氧化硫熏蒸 +CT2 保鲜剂	CT2 保鲜剂	对照
90 天	果穗外观良好	果穗外观良好	果穗上出现少量烂果
120 天	果穗外观良好	果穗上出现少量烂果	果穗上出现大量烂果

图 9-9　冷库储藏不同时间的阳光玫瑰葡萄果穗

具体储藏保鲜方法如下。

一、选择果穗

选择大小、成熟度一致、无机械损伤的阳光玫瑰葡萄果穗用于储藏（图 9-10）。用内衬 0.03 毫米厚度的 PE 保鲜膜的纸箱盛放，每箱盛放重量根据箱的大小而定，一般为 2.5~5.0 千克。

二、熏蒸

在密闭的塑料大帐内用二氧化硫熏蒸 24 小时（图 9-11）。

图 9-10　储藏前挑选果穗

图 9-11　熏蒸

三、预冷及储藏

葡萄入库前 2~3 天将冷库温度降至 -2~0℃，经熏蒸处理后的葡萄应及时移入冷库中预冷，预冷时间为 12~24 小时，预冷过程周转筐塑料袋口敞开，平铺放置，使冷气均匀地渗入葡萄的每个果粒；温度降至 0~-1℃时，放入 CT2 保鲜剂，排净袋内空气，扎口。然后进行合理码垛，剁间隙和垛与墙壁间隙为 10~15 厘米，冷库内不同位置放置温度计，随时进行温度检测，冷库温度控制在 -0.5~-1.5℃，空气相对湿度保持在 85%~95%（图 9-12、图 9-13）。

图 9-12　纸箱冷库储藏保鲜

图 9-13　塑料筐冷库储藏保鲜

小提示　　CT2：片型保鲜剂，每个塑膜纸袋内装 2 片，每片 0.55 克，主要成分为硫代硫酸钠，使用剂量为每 500 克葡萄放一袋 CT2。

附录 鲜食葡萄品种介绍

　　葡萄是栽培品种最多的植物之一，也是形状、颜色最丰富的植物之一。按照葡萄用途可以分为鲜食品种、酿酒品种、制干品种、制汁品种、制罐品种和砧木品种等。按照葡萄成熟期的早晚，可以分为早熟品种、中熟品种和晚熟品种。

根据葡萄成熟期的早晚，鲜食葡萄可以分为早熟品种、中熟品种和晚熟品种。

第一节　早熟品种

早熟品种指从萌芽到果实成熟需要 115~130 天、≥ 10℃ 年活动积温需要 2 400~2 800℃ 的葡萄品种。

一、夏黑（附图 1）

附图 1　避雨栽培夏黑葡萄丰产图

附图 2　夏黑

早熟，欧美杂交种，三倍体，由日本选育，天然无核，亲本为巨峰 × 无核白。

果穗圆锥形或圆柱形，带副穗，平均单穗重 600 克左右，最大穗重可达 1 000 克。果粒近圆形，着生紧密，在自然坐果条件下，果粒小（粒重 3.5 克左右）且易落粒，没有商品价值。经植物生长调节剂处理后，平均单粒重 7.5 克，最大果粒重可达 15 克。果粉多，果皮紫黑色或蓝黑色，较厚。果肉硬脆，可溶性固形物含量高，充分成熟时可达 20%~22%，且具有淡淡的草莓香味。果汁呈紫黑色，味浓甜。鲜食品质上等。成熟后的果实可树挂近 1 个月。

在河南郑州地区避雨栽培条件下，该品种于 3 月底至 4 月初萌芽，5 月上旬开花，6 月下旬枝条开始老熟，且果实进入转色期，7 月底至 8 月初果实成熟（附图 2），从萌芽到成熟需 110 天左右。温棚栽培条件下各物候期较避雨栽培提前。

植株生长势旺，发枝力强，丰产、稳产性好。花芽分化好，若挂果过量，则会影响花芽分化，每个结果枝带花序 1~3 个，一般着生于第四至第六节上。一般情况下，每个结果枝只留 1 穗果，若结果枝生长强旺，可留 2 穗果，控制旺长。二年生树亩产可达 500~600 千克，三年生树亩产可达 1 200~1 500 千克，建议盛果期亩产量控制在 1 000 千克左右，若负载量过高，果实呈红色，且糖度低，口感淡，成熟期推迟。

该品种抗病性较强，但栽培过程中注意防治灰霉病、霜霉病和炭疽病等病害。有条件的建议进行设施栽培，将病害造成的危害降到最低。

二、瑞都红玉（附图 3）

早熟，欧亚种，二倍体，由北京市农林科学院林业果树研究所于 2005 年在瑞都香玉（母本为京秀、父本为香妃）高接时发生的红色芽变，2014 年经过审定。

果穗圆锥形，个别有副穗，单或双歧肩，松紧度适中，平均单穗重 404 克。果粒长椭圆形或卵圆形，大小较整齐，平均粒重 5.2 克，最大果粒重 7.5 克。果粉中等厚，果皮紫红色或红色，易着色，色泽较一致，果皮较脆，薄至中等厚，无或稍有涩味。果肉脆甜，酸甜多汁，硬度中等，无色，有浓郁的玫瑰香味。每粒果实含 2~4 粒种子，可溶性固形物含量在 19.5% 左右，品质上等。果梗抗拉力中或大。是一个比较理想的早熟、红色系且具有玫瑰香味的葡萄品种。

在河南郑州地区避雨栽培条件下，该品种于 3 月底至 4 月初萌芽，5 月上中旬开花，7 月下旬果实成熟（附图 4）。

植株生长势中庸偏弱，花芽分化好，萌芽率较高，结果枝率较高。平均每个结果枝有 1.2 个花序，着生于结果枝第三至第四节。枝条中等粗，成熟度良好。新梢半直立，节间背侧绿色具红条纹，节间腹侧绿色，无茸毛，嫩梢梢尖开张，茸毛中等。卷须间断，长度中等。幼叶黄绿色，表面有光泽，上表面茸毛密度中等，下表面茸毛密，叶脉花青素着色中等，叶片厚度中等。成龄叶心脏形，绿色，中等大，中等厚，5裂，叶缘上卷，上裂刻稍重叠，下裂刻开张，锯齿形状为双侧凸，叶柄比主脉短，叶柄洼为矢形，叶背茸毛密度中等，上、下表面叶脉花青素着色极弱。冬芽花青素着色弱。定植当年需加强肥水供应，使树体尽快成形，枝条健壮，为翌年的结果奠定基础。该品种开花前需对花序进行整形，疏除密集的果粒，保证果穗松散，果粒均匀。在华北及类似气候区均可栽培，雨量过大地区建议采用避雨栽培，第二年开花结果，丰产性好，盛果期亩产量在1 500千克左右。

抗病能力中等，易感染霜霉病。

附图3　瑞都红玉

附图4　避雨栽培瑞都红玉葡萄丰产图

三、无核翠宝（附图 5）

早熟，欧亚种，二倍体，由山西省农业科学院果树研究所于1999年用瑰宝 × 无核白鸡心杂交培育而成，2011年5月通过山西省农作物品种审定委员会审定并定名。

果穗小，圆锥形带歧肩，穗形整齐，中等大小，平均单穗重345克，最大穗重570克。果粒小，倒卵圆形，着生中等紧密，大小均匀，单粒重2~3克，最大粒重5.7克。果皮薄，黄绿色，果肉脆，味甜，具有玫瑰香味，果实可溶性固形物含量在17.2%以上，延迟采收可溶性固形物含量可达20%以上，品质上等，无核或有1~2粒残核。

在河南郑州地区避雨栽培条件下，该品种于3月底至4月初萌芽，5月上中旬开花，7月下旬果实成熟（附图6），从萌芽到果实充分成熟需105天左右。果实成熟后挂树时间长，上市供应期长。易成花，早果性好。

附图 5　无核翠宝

植株生长势较强，萌芽率为56.0%，篱架中梢修剪结果枝占萌发芽眼总数的53.5%，V形架单主蔓水平整枝结果枝占萌发芽眼总数的52.9%。自然授粉花序平均坐果率为33.6%。该品种适于在西北、华北以及以南无霜期120天以上的地区推广种植。宜大棚架、水平棚架、V形架栽培。成花容易，对修剪反应不敏感，长、中、短梢及极短梢修剪均可，亩产量一般应控制在1 000千克左右。施肥以秋施有机肥为主，一般萌芽及开花前以氮肥为主，花后以磷肥为主，转色期以后以钾肥为主。

该品种抗病性中等，在河南郑州地区易受绿盲蝽和霜霉病危害，后期有环裂现象。

附图 6　避雨栽培无核翠宝葡萄丰产图

四、早黑宝（附图7）

早熟，欧亚种，四倍体，由山西省农业科学院果树研究所于1993年以二倍体瑰宝与二倍体早玫瑰的杂交种子用秋水仙素进行诱变选育而成，2001年3月通过山西省农作物品种审定委员会审定。

附图7　早黑宝

果穗圆锥形带歧肩，果穗大，平均单穗重426克，最大果穗重930克。果粒大，平均单粒重7.5克，最大粒重10克。果粉厚，果皮紫黑色，着色好，较厚。果肉软，完熟时有浓郁的玫瑰香味，味甜，可溶性固形物含量在17.0%以上，品质上等。含种子1~3粒，种子较大。

在河南郑州避雨栽培条件下，该品种于3月底至4月初萌芽，5月上中旬开花，7月下旬果实成熟。

树势中庸，节间中等长，平均萌芽率为66.7%，平均果枝率为56.0%，每一果枝上平均花序为1.37个，花序多着生在结果枝的第三至第五节。两性花。平均坐果率为31.2%。副梢结实力中等，丰产性强。成熟后需及时采摘，不宜挂树，易裂果，建议设施栽培。嫩梢黄绿带紫红色，有稀疏茸毛。幼叶浅紫红色，表面有光泽，叶面、叶背具有稀疏茸毛，成龄叶片小，心脏形，5裂，裂刻浅，叶缘向上，叶厚，叶缘锯齿中等锐，叶柄洼呈U形，叶面绿色，较粗糙，叶背有稀疏茸毛。一年生成熟枝条暗红色。该品种抗病性中等，生产上应注意灰霉病、酸腐病和霜霉病等病害的防治。

五、郑艳无核（附图8）

早熟，无核，由中国农业科学院郑州果树研究所以京秀 × 布朗无核为亲本杂交选育而成。

果穗圆锥形，带副穗，无歧肩，平均单穗重618.3克。果粒椭圆形，粉红色，平均单粒重3.1克，无核，果粒成熟一致，着生中等紧密。果粒与果柄难分离，果粉薄，果皮无涩味。果肉中等脆，汁中，有草莓香味，可溶性固形物含量为19.9%。

在河南郑州地区，该品种于3月底至4月初萌芽，5月上旬开花，6月下旬果实开始成熟，7月中下旬充分成熟（附图9），从萌芽到果实成熟需120天左右。适宜中国华北及中东部地区种植，篱架和棚架栽培均可。冬季修剪原则是强枝长留，弱枝短留，以短梢修剪为主；棚架前段长留，下部短留；剪除密集枝、细弱枝和病虫害枝。夏季修剪时将果穗以下的副梢从基部除去，果穗以上的副梢留2叶摘心，主梢顶端的副梢留3~5片叶反复摘心。

该品种早果性、丰产性强，抗病，抗寒。

附图8　郑艳无核

附图9　日光温室栽培郑艳无核葡萄丰产图

六、春光（附图10）

早熟，欧美杂交种，四倍体，由河北省农林科学院昌黎果树研究所选育。

果穗圆锥形，平均单穗重650.6克。果粒中等大，椭圆形，大小均匀一致，平均果粒重9.5克，最大果粒重19.3克。果皮紫黑色至蓝黑色，色泽美观，着色均匀一致。果粉厚，皮厚，果肉较脆，有种子3~4粒，有草莓香味，可溶性固形物含量在17.5%以上，风味甜，品质佳。

在河南郑州避雨栽培条件下，该品种于3月底至4月初萌芽，5月上旬开花，7月中下旬果实成熟。自然坐果好，坐果适中，易管理。丰产性强，副梢的结实力强，容易结二次果。果穗中等大，不需要花穗整形和植物生长调节剂处理。适应性强，栽培管理技术简单。

抗病性较强。

附图10　春光

七、早霞玫瑰（附图 11）

早熟，欧亚种，二倍体，由大连市农业科学研究院以白玫瑰香 × 秋黑杂交育成，2012 年通过辽宁省种子管理局品种备案。

果穗圆锥形，平均单穗重 580 克，最大穗重可达 1.5 千克。果粒圆形，单粒重 5.0~6.0 克，最大粒重 8.0 克，果粉中多，果皮紫红色，着色好。果肉硬脆，无肉囊，汁液中多，具有浓郁的玫瑰香味，可溶性固形物含量可达 19.5%，品质佳。

在河南郑州避雨栽培条件下，该品种于 3 月底至 4 月初萌芽，5 月上旬开花，7 月中下旬果实成熟。

该品种抗病性强，生产上应重点防治黑痘病、霜霉病、酸腐病和绿盲蝽等病虫害。

附图 11　早霞玫瑰

八、申爱（附图 12）

早熟，欧美杂交种，二倍体，由上海市农业科学院从金星无核和郑州早红杂交后代中选育而成，2013 年 7 月通过上海市农作物新品种认定。

果穗圆锥形，果穗偏小，平均单穗重 228 克。果粒着生中等紧密，果粒呈鸡心形，平均单粒重 3.5 克；果粉中等，果皮厚，玫瑰红色。果肉中软，肉质致密，可溶性固形物含量为 18% ~22%。风味浓郁，品质佳。种子 1~2 粒。成熟后需及时采收，不耐挂树。

在河南郑州避雨栽培条件下，该品种于 3 月底至 4 月初萌芽，5 月上旬开花，7 月中下旬果实成熟。

该品种抗病性较强，连续多年的栽培均没有出现特殊病害，生产上应注意绿盲蝽和霜霉病的防治。

附图 12　申爱

九、火洲黑玉（sp528）（附图13）

早熟，欧亚种，由新疆葡萄瓜果开发研究中心以红地球和火焰无核为亲本杂交选育而成。2011年在新疆取得新品种登记。

果穗紧凑，单穗重500克左右。果粒近圆形，紫黑色，着生紧密，果粒偏小，2~3克。皮中厚，肉较脆，天然无核或有残核，皮稍涩，可溶性固形物含量为18%。成熟后有裂果现象。

在河南郑州避雨栽培条件下，该品种于3月底至4月初萌芽，5月上旬开花，7月底果实成熟。

该品种抗病性中等，生产上应加强对白粉病、霜霉病、日灼病和酸腐病等病害的防治。

附图13　火洲黑玉

十、天工墨玉（附图14）

早熟，欧美杂交种，三倍体，由浙江省农业科学院从夏黑芽变中选育。

果穗圆锥形或圆柱形，平均单穗重597.3克。果粒近圆形，自然果单粒重3~3.5克，经赤霉素处理后平均单粒重为6.7克，果皮蓝黑色，易着色。果肉爽脆，味甜，可溶性固形物含量为18%~23%，比夏黑成熟早7~10天。裂果较夏黑少。

该品种抗病性较强，生产上应注意灰霉病、穗轴褐枯病、炭疽病和霜霉病等病害的防治。

附图14　天工墨玉

第二节　中熟品种

中熟品种指从萌芽到果实成熟需要 130~145 天、≥ 10℃ 年活动积温需要 2 800~3 200℃ 的葡萄品种。

一、巨峰（附图 15）

中熟，欧美杂交种，四倍体，由日本大井上康用石原早生和森田尼为亲本通过杂交选育而成，在我国各地均有大面积种植，是目前我国栽培面积最大的葡萄品种。

果穗圆锥形，或带副穗，平均单穗重 400 克左右，果粒着生中等紧密。果粒椭圆形，红色至紫黑色，单粒重 8~10 克；果皮较厚有涩味，果粉厚，果肉较软，有肉囊，汁多，味酸甜，具有草莓香味，可溶性固形物含量在 18% 以上，品质中上等。每个果粒含种子多为 1 粒。

嫩梢绿色，梢尖半张开微带紫红色，茸毛中等密。幼叶浅绿色，下表面有中等密白色茸毛；成龄叶片近圆形、大，上表面有网状皱褶，下表面茸毛中等密；叶片 3 裂或 5 裂，上裂刻浅，开张或闭合，下裂刻浅，开张。

该品种适应性强，抗病、抗寒能力强。在多雨的年份，应注意病害防治，特别是对黑痘病、灰霉病、穗轴褐枯病和霜霉病的防治。

附图 15　巨峰

二、金手指（附图 16）

中熟，欧美杂交种，由日本原田富于 1982 年通过杂交育成，1993 年登记注册，是日本"五指"（美人指、少女指、婴儿指、长指、金手指）中唯一的欧美杂交种。

果穗长圆锥形，带副穗，松紧适度，单穗重 300~550 克，最大穗重可达 1 500 克。果粒形状奇特美观，长椭圆形，近似指形，中间粗两头细，略弯曲，呈弓状，平均单粒重 8 克，最大粒重 20 克。果皮黄白色，完熟后果皮呈金黄色，十分诱人，果皮薄，韧性强，不裂果。果肉脆，可切片，汁中多，甘甜爽口，有浓郁的冰糖味和牛奶味，含种子 2~3 粒。果实含糖量 20%~22%，金黄色的果实含糖量最高可达

25%，甜至极甜，口感极佳。果柄与果粒结合牢固，捏住一粒果可提起整穗果。

树势强旺，发枝力强，冬芽主芽萌芽率 87.7%，花芽分化稍差，每个结果枝着生 1~2 个花序，花序着生在结果枝的 3~5 节，以三、四节为主，属于低节位花芽分化。枝蔓较粗，节间较长。基部叶片生长正常，不易提前黄化。副梢生长旺盛，容易使架面郁闭，需及时进行单叶绝后处理。切记副梢处理和主梢打顶不可同时进行，以免逼迫其冬芽萌发，相隔 1 周后再进行即可。二年生树可少量挂果，四年生树可进入盛产期，每亩产量可达 1 250~1 500 千克，产量较稳定。果实成熟后可树挂 1 个月，含糖量更高，品质更佳。

附图 16　金手指

在河南郑州地区，该品种于 3 月底至 4 月初萌芽，5 月上旬开花，7 月初枝条开始老熟，7 月中旬进入软化期，8 月初浆果成熟（附图 17），从萌芽到浆果成熟的天数为 130 天左右。

该品种抗病性中等，避雨栽培条件下的金手指套袋后，病害发生极少。露地栽培的金手指必须套袋，且中后期预防白腐病。由于金手指果皮薄，5~6 月高温强光照射容易发生日灼病，必须引起高度重视。

附图 17　金手指葡萄丰产图

三、蜜光（附图 18）

中熟，欧美杂交种，由河北省农林科学院昌黎果树研究所以巨峰和早黑宝为亲本杂交选育而成。

果穗圆锥形，带副穗，单穗重为 600~800 克，最大穗重达 1 000 克。果粒椭圆形，松散适度，平均单粒重 10 克，果粒大小均匀一致。果粉中等厚，果实完熟后果皮呈紫黑色，着色容易，套袋也可着全紫红色。果肉硬而脆，具有浓郁的玫瑰香味，风味极甜，无涩味，品质极佳，可溶性固形物含量为 18%~20%，最高达 24.8%。

在河南郑州地区于 3 月底至 4 月初萌芽，5 月中上旬开花，8 月初成熟。生长势中庸偏旺，花芽分化好，萌芽率高，结果枝率较高。一般每结果枝带花序 1 个，极个别带 2~3 个花序。花序一般着生于结果枝第三至第四节。该品种适应性好，建议保护地栽培。

蜜光葡萄抗病性中等。后期要预防好霜霉病，病害防治按照常规方法管理即可。

附图 18　蜜光

四、巨玫瑰（附图 19）

中熟，欧美杂交种，四倍体，由大连市农业科学研究院以沈阳大粒玫瑰香为母本、巨峰为父本杂交选育而成，2002 年通过品种鉴定并命名。

果穗圆锥形，中等紧密，单穗重 400~550 克。果粒长圆形或卵圆形，果粒大，单粒重 9.0 克左右。

该品种生长势较旺，花芽分化、丰产性均较好，其结果枝占芽眼总数的 70.5%，每个结果枝有花序 2~3 个，花序大多着生在第二至第五节，属于低节位花芽分化。苗木定植第二年均可结果，第二年亩产量可达 750 千克，三年生树即可进入盛果期，建议盛果期亩产量控制在 1 500 千克左右。

在郑州地区，该品种于 3 月底至 4 月初萌芽，5 月上旬开花，8 月上旬成熟。成熟枝条红褐色，伴有褐色条纹，节间中长、粗壮；成熟叶片大，心脏形，叶片绿色，较厚，叶缘波浪状，5 裂，上裂刻深，下裂刻中等深，叶背混合茸毛中多，锯齿大。卷须双间隔。

该品种抗病性中等，果实易感染炭疽病，叶片后期易感染霜霉病，需加强套袋前和雨季病害的药剂防治工作。

附图 19　巨玫瑰

五、醉金香（附图 20）

中熟，欧美杂交种，四倍体，由辽宁省农业科学院以沈阳玫瑰香和巨峰杂交选育而成，1997年通过辽宁省农作物品种审定委员会审定。

果穗圆锥形，单穗重500克左右，植物生长调节剂处理后单穗重可达800~1 000克。果粒倒卵圆形，黄绿色，单粒重10克左右。果肉软，每粒含种子1~3粒，果实转黄绿色，可溶性固形物含量为16%~18%，金黄色果实的可溶性固形物含量在20%以上，有浓郁的玫瑰香味。果柄短，需要植物生长调节剂处理。

该品种抗病性较强，对霜霉病和白腐病等真菌性病害具有较强的抗性，但生产上应注意防治日灼病。

附图 20　醉金香

六、红艳无核（附图 21）

中熟，欧亚种，由中国农业科学院郑州果树研究所以红地球和森田尼无核为亲本杂交选育而成。

果穗圆锥形，穗梗中等长，带副穗，平均单穗重 1 200 克。果粒着生中等紧密，成熟一致。果粒椭圆形，深红色，平均单粒重 4 克，最大粒重 6 克。果粒与果柄难分离，果粉中，果皮无涩味。果肉中到脆，汁少，有清香味，无核，不裂果；可溶性固形物含量在 20.4% 以上，品质优。

植株生长势中等偏强，进入结果期早，定植第二年开始结果，并易早期丰产。正常结果树一般亩产量 1 500 千克。适合在温暖、雨量少的气候条件下种植，棚、篱架栽培均可，以中短梢修剪为主。

在郑州地区避雨栽培条件下，该品种于 4 月上旬萌芽，5 月上旬开花，7 月中旬浆果始熟，8 月中旬果实充分成熟（附图 10-22）。

附图 21　红艳无核

附图 22　避雨栽培红艳无核葡萄丰产图

附图 23　瑞都科美

七、瑞都科美（附图 23）

中熟，欧亚种，二倍体，由北京市农林科学院林业果树研究所从意大利与 Muscat Louis 杂交后代中选育而成。

果穗圆锥形，平均单穗重 502.5 克，果穗紧密度中或松。果粒椭圆形或卵圆形，平均单粒重 7.2 克，最大粒重 9 克。果粉中，果皮黄绿色，中等厚，果皮较脆，无或稍有涩味。果肉中或较脆，硬度中等，含种子 2~3 粒，风味酸甜，具有玫瑰香味，可溶性固形物含量在17.2% 以上。连年结果能力强，在北京地区于 8 月下旬成熟。果实不易裂果，果穗大小、松散度适中，基本不用疏花疏果，栽培省工。

附图 24　瑞都香玉

八、瑞都香玉（附图 24）

中熟，欧亚种，二倍体，由北京市农林科学院林业果树研究所以京秀和香妃为亲本杂交选育而成。

果穗圆锥形，带副穗。平均单穗重 580.6 克。果粒着生松散，椭圆形，平均单粒重 6.8 克，最大粒重 8.6 克。果皮黄绿色，肉质脆甜，皮稍涩。果肉酸甜，汁中等多，果皮呈黄绿色时玫瑰香味浓郁，可溶性固形物含量为 18%~21%。自然坐果好，丰产性强。

在河南郑州避雨栽培条件下，该品种于 3 月底至 4 月初萌芽，5月上旬开花，8 月初果实成熟。

附图 25　沪培 3 号

九、沪培 3 号（附图 25）

中熟，欧美杂交种，三倍体，由上海市农业科学院林木果树研究所以二倍体无核品种喜乐为母本、四倍体品种藤稔为父本杂交，经胚挽救培养选育而成。

果穗圆柱形，单穗重 400~460 克，果穗中等紧密。果粒椭圆形，平均单粒重 6.7 克。果皮紫红色，果肉软，质地细腻，可溶性固形物含量为 16%~19%，口感较好。

在河南郑州地区，该品种于 3 月底至 4 月初萌芽，5 月上中旬开花，8 月上旬成熟。

十、户太 8 号（附图 26）

中熟，欧美杂交种，由陕西省西安葡萄研究所从奥林匹亚的芽变中选育出的葡萄新品种。

果穗圆锥形，或带副穗，松紧度中等，平均穗重 600 克。果粒近圆形，紫红色或紫黑色，平均粒重 10 克。果粉厚白。果皮中等厚，果皮与果肉易分离，果肉细脆，酸甜可口，可溶性固形物含量在 18% 以上，品质优。每个果粒含种子多为 1~2 粒。

嫩梢绿色，梢尖半开张微带紫红色，茸毛中等密。幼叶浅绿色，叶缘带紫红色，下表面有中等白色茸毛。成年叶片近圆形，大，深绿色，上表面有网状皱褶，主脉绿色。叶片多为 5 裂。锯齿中等锐。叶柄洼宽广拱形。夏芽副梢成花能力强，多次结果能力强。

附图 26　户太 8 号

第三节　晚熟品种

晚熟品种指从萌芽到果实成熟需要 145~160 天、≥ 10℃年活动积温需要 3 200~3 500℃的葡萄品种。

一、阳光玫瑰（附图 27）

中晚熟，欧美杂交种，二倍体，由日本果树试验场安芸津葡萄、柿研究部以安芸津 21 号和白南为亲本杂交选育而成。

果穗圆锥形或圆柱形，松散适度，单穗重 600~800 克，植物生长调节剂处观后，最大穗重达 4 500 克。果粒椭圆形，单粒重 12 克左右，果粒大小均匀一致。果粉少，果皮黄绿色，完熟可达金黄色，果面有光泽，阳光下翠黄耀眼，非常漂亮。肉质脆甜爽口，有玫瑰香味，皮薄可食，无涩味。果皮与果肉不易分离，可溶性固形物含量在 18% 以上，最高可达 30% 左右，极甜而不腻。果实成熟后可挂树至霜降，不裂果，不易脱粒。鲜食品质极佳。

该品种生长势中庸偏旺，花芽分化好，萌芽率高，结果枝率较高。

附图 27　阳光玫瑰

花序一般着生于结果枝的第三至第四节。基部叶片生长正常，枝条中等粗，成熟度良好。定植当年需加强肥水供应，使树体成形，枝条健壮，为翌年的结果奠定基础。另外，该品种适合无核化栽培。

在河南郑州地区避雨栽培条件下，该品种于4月初萌芽，5月上旬开花，8月下旬果实成熟（附图28）。

该品种抗性较强，尤其是抗白粉病、霜霉病等病害，但是叶片易受绿盲蝽和病毒病危害。

附图28　避雨栽培阳光玫瑰葡萄丰产图

二、新雅（附图29）

晚熟，欧亚种，由新疆葡萄瓜果开发研究中心于1991年以红地球自然实生后代E42-6为母本、里扎马特为父本进行杂交选育的葡萄新品种，2014年通过品种审定。

果穗圆锥形，平均单穗重600克，最大穗重达1 500克，果穗松散或紧密。果粒鸡心形或长椭圆形，平均单粒重10克。果皮浅玫瑰红至紫红色，十分漂亮。果肉脆甜爽口，皮薄可食，每果粒含种子2~3粒，可溶性固形物含量在17%以上。

花芽分化好，稳产性强。平均每个结果枝着生 1.3 个花序，坐果好。果穗较大，必须修整花序，否则着色差。该品种生长势中庸，定植第一年长势偏弱，必须加强肥水管理，培养壮树，为第二年结果奠定基础。叶片属于小叶型，基部叶片生长正常，不易提前黄花。着色艳丽是该品种优良的性状表现，必须严格控产，提高果实品质，建议亩产量控制在 1 500 千克以内。

在河南郑州地区避雨栽培条件下，该品种于 3 月底至 4 月初萌芽，5 月初开花，8 月下旬成熟（附图 30），从萌芽至成熟需 140 天左右。

该品种抗病性中等，后期易感染霜霉病，需提前做好预防工作，将病害降到最低。后期需注意及时做好排水工作，预防裂果的发生。建议地膜覆盖。

附图 29　新雅

附图 30　避雨栽培新雅葡萄丰产图

三、新郁（新葡 6 号）（附图 31）

晚熟，欧亚种，由新疆葡萄瓜果开发研究中心以 E42-6（红地球实生）和里扎马特为亲本杂交选育而成，2005 年在新疆取得新品种登记。

果穗圆锥形，紧凑，单穗重可达 800 克以上。果粒椭圆形，紫红色，着生较紧，果粒大，单粒重 12 克以上，果皮中厚，果肉较脆，可溶性固形物含量为 17%~19%。

在河南郑州地区,该品种于 4 月初萌芽,5 月上中旬开花,8 月底成熟。该品种生长势强旺，花芽分化不良，栽培中需控制旺长。转色期可通过摘老叶，增加光照促进转色，对直射光较敏感，严格控制产量。

该品种抗病性较强，生产上应注意灰霉病、绿盲蝽、霜霉病等病虫害的防治。

附图 31　新郁

四、红地球（附图 32）

晚熟,欧亚种,二倍体。别名红提、大红球、全球红、晚红，由美国加州大学奥尔姆用 C12-80 和 S45-48 杂交选育而成。我国各地均有栽培，是目前我国晚熟主栽品种，也是我国第二大葡萄栽培品种。

果穗圆锥形，平均穗重 800 克左右。穗梗细长。果粒着生松紧适度,整齐均匀。果粒近圆形或卵圆形，红色或紫红色，平均粒重 12 克。果粉中等厚。果皮薄、韧，与果肉不易分离。果肉硬脆，味甜，无香味，成熟期果实可溶性固形物含量在 16.3% 以上，品质上等。每个果粒含种子多为 4 粒。

该品种生长势较强，丰产。

在河南郑州地区，该品种于 4 月初萌芽，5 月上旬开花，8 月底成熟，从萌芽到果实完全成熟需 150 天左右。

该品种抗病性中等，对日灼病、霜霉病、黑痘病、白腐病等病害抗性较弱，在生产上要针对病害及时重点防治。

附图 32　红地球

五、克瑞森无核（附图33）

别名克伦生无核、绯红无核、淑女红。晚熟，欧亚种。由美国加州戴维斯农学院果树遗传和育种研究室于1983年用皇帝和C33-199杂交培育而成，1988年通过品种审定。

果穗圆锥形，有歧肩，中等大，平均穗重500克左右。果粒椭圆形，亮红色，充分成熟后为紫红色，平均单粒重4克左右，赤霉酸处理可以增大果粒。果肉浅黄色，半透明肉质，果肉较硬，果皮中等厚，不易与果肉分离，成熟期果实可溶性固形物含量在19%以上，味甜，低酸，品质佳。

嫩梢红绿色，有光泽，无茸毛。幼叶紫红色，叶缘绿色。成龄叶片中等大，深5裂，锯齿中等锐，叶柄长，叶柄洼闭合圆形或椭圆形。

抗病较强。栽培中应注意控制其生长过旺。

附图33 克瑞森无核

六、甜蜜蓝宝石（附图34）

晚熟，欧亚种，由美国农业部选育。

天然无核，果穗较大，平均单穗重为700克左右，最大可达2~3千克。果粒为长圆形，蓝黑色，最长的超过5.5厘米，平均单粒重7.7克左右，最大的果粒重达10克以上，果粒大小均匀一致，果顶凹陷，果粒美观。果肉脆滑，果粒果穗着色均匀一致，果皮轻薄，果肉可切片。

在河南郑州地区露地栽培条件下，该品种于8月底成熟，着色均匀。成熟后可挂树1个月以上时间，耐储运。但露地栽培容易受冻害，果实易发生日灼，成熟后易裂果。

该品种抗病性差，尤其是容易发生冻害、日灼病和霜霉病，设施栽培条件下要注意白粉病的防治。

附图34 甜蜜蓝宝石

七、浪漫红颜（附图35）

中晚熟，欧美杂交种，二倍体，由日本志村富男以阳光玫瑰和魏可（温克）为亲本杂交选育而成。

果穗圆锥形，平均单穗重为700克左右，果粒整齐紧凑，需要植物生长调节剂处理。果粒椭圆形，鲜红色，果粒大，单粒重8克以上，最大可达20克以上，成熟期果实可溶性固形物含量在20%以上，无香味，耐储运。果实着色较困难，对种植技术要求较高。

该品种抗病性较强，与阳光玫瑰相似，不易裂果，没有僵果和畸形叶发生，果实日灼较阳光玫瑰轻。

附图35　浪漫红颜

八、妮娜皇后（附图36）

也叫妮娜女皇、妮娜公主等，晚熟，欧美杂交种，四倍体，由日本培育，亲本为安艺津20号 × 安艺皇后。

附图36　妮娜皇后

果穗圆锥形或圆柱形，平均单穗重为580克，最大可达1 200克。果粒圆形或短椭圆形，平均单粒重15克，最大可达17克以上，果皮鲜红色，外观漂亮。果肉软，成熟期果实可溶性固形物含量在21%以上，含酸量低，香味比较特殊，浓郁，既有草莓香又有牛奶香，比巨峰葡萄味道更甜、香味更浓、硬度更大。成熟期在8月下旬至9月上旬，比巨峰晚1周左右。

生产中需注意：该品种有裂果现象，容易掉粒，不易着色，需要植物生长调节剂处理，对种植技术要求较高。

该品种抗病性较强，生产上应注意绿盲蝽、灰霉病、炭疽病和霜霉病等病虫害防治。

参考文献

［1］ 程大伟，陈锦永，顾红，等.葡萄设施栽培类型简介［J］.果农之友，2017（1）:18–20.

［2］ 蒯传化，刘崇怀.当代葡萄［M］.郑州：中原农民出版社，2016.

［3］ 李宝鑫，杨俐苹，卢艳丽，等.我国葡萄主产区的土壤养分丰缺状况[J].中国农业科学，2020,53(17):3553–3566.

［4］ 李莉，段长青，等.葡萄高效栽培与病虫害防治彩色图谱［M］.北京：中国农业出版社，2017.

［5］ 李民，刘崇怀，申公安.葡萄病虫害识别与防治图谱［M］.郑州：中原农民出版社，2019.

［6］ 刘爱玲，何建军，王磊，等.设施栽培'峰后'葡萄营养元素和水分吸收规律研究［J］.果树学报，2012，29（5）：852–860.

［7］ 娄玉穗，尚泓泉，吕中伟，等.阳光玫瑰葡萄果锈发生规律调查与防治建议［J］.中国果树，2020（01）：124–127.

［8］ 娄玉穗，王鹏，吕中伟，等.赤霉素、氯吡脲和噻苯隆对'阳光玫瑰'葡萄果实发育的调控作用研究［C］.中国园艺学会2019年学术年会暨成立90周年纪念大会论文摘要集，2019，10：2527.

［9］ 娄玉穗，王世平，苗玉彬，等.不同灌溉阈值对'巨峰'葡萄树体生长与果实品质的影响［J］.果树学报，2018（01）：46–55.

［10］ 娄玉穗，张晓锋，樊红杰.黄河故道地区阳光玫瑰葡萄合理产量负载研究［J］.河南农业科学，2018，47（12）：110–115.

［11］ 吕中伟，罗文忠.葡萄高产栽培与果园管理［M］.北京：中国农业科学技术出版社，2015.

［12］ 吕中伟，王鹏，张晓锋，等.阳光玫瑰葡萄无核化处理及配套栽培技术[J].河北果树，2016(04)：21–22.

［13］ 吕中伟，王鹏，张晓锋，等.植物生长调节剂对阳光玫瑰葡萄膨大及果实品质的影响初探［J］.中外葡萄与葡萄酒，2015（06）：38–39.

［14］ 吕中伟，吴文莹，张柯，等.阳光玫瑰葡萄优质栽培技术［J］.河北果树，2017（06）：29–30.

［15］ 吕中伟，张柯，王鹏，等.河南省葡萄产业现状及发展趋势［J］.河南农业科学，2019,48（10）：120–126.

［16］ 尚泓泉，王琰，王鹏，等.河南省阳光玫瑰葡萄优质高效栽培关键技术［J］.中国种业，2019
（06）：79-81.

［17］ 王海波，刘凤之.鲜食葡萄标准化高效生产技术大全（彩图版）［M］.北京：中国农业出版社，
2017.

［18］ 王志刚，崔秀峰，高文胜，等.水果绿色发展生产技术［M］.北京：化学工业出版社，2018.

［19］ 俞晓淑，娄玉穗，罗国民，等.阳光玫瑰葡萄栽培过程中几个问题的探讨［J］.落叶果树，
2017，49（3）：50-51.

［20］ 张晓锋，娄玉穗，尚泓泉，等.不同保鲜处理对'阳光玫瑰'葡萄贮藏品质及生理生化的影响［J］.
河南农业大学学报，2019，53（5）：698-703.

［21］ 赵胜建.葡萄精细管理十二个月［M］.北京：中国农业出版社，2009.